医学助记图表与歌诀丛书

生物化学助记图表与歌诀

主　编　余承高　　陈　勇　　王震宇　　陈栋梁

副主编　赵雪花　　何丽娅　　吴勉云　　刘　杰

编　委　（按姓氏笔画排序）

王震宇　　邢俊莲　　刘　杰　　刘　畅

刘　翔　　杜　鸣　　李　曦　　吴勉云

何丽娅　　余承高　　陈　勇　　陈　曦

陈栋梁　　赵雪花　　莫朝晖　　晏汉姣

U0351441

北京大学医学出版社

SHENGWUHUAXUE ZHUJI TUBIAO YU GEJUE

图书在版编目（CIP）数据

生物化学助记图表与歌诀 / 余承高等主编 .—北京：
北京大学医学出版社，2016.12（2019.4 重印）

ISBN 978-7-5659-1505-5

Ⅰ . ①生… Ⅱ . ①余… Ⅲ . ①生物化学－教学参考资料 Ⅳ . ① Q5

中国版本图书馆 CIP 数据核字（2016）第 270530 号

生物化学助记图表与歌诀

主 编：余承高 陈 勇 王震宇 陈栋梁
出版发行：北京大学医学出版社
地 址：（100191）北京市海淀区学院路 38 号 北京大学医学部院内
电 话：发行部 010-82802230；图书邮购 010-82802495
网 址：http：//www.pumpress.com.cn
E - m a i l：booksale@bjmu.edu.cn
印 刷：中煤（北京）印务有限公司
经 销：新华书店
责任编辑：赵 欣 郭 颖 责任校对：金彤文 责任印制：李 啸
开 本：710mm×1000mm 1/16 印张：15.75 字数：382 千字
版 次：2016 年 12 月第 1 版 2019 年 4 月第 2 次印刷
书 号：ISBN 978-7-5659-1505-5
定 价：35.00 元

前　言

　　生物化学是一门重要的基础医学科学，其内容十分丰富。学习、记忆并掌握其繁杂的基本理论知识，需要采取一些行之有效的方法。在许多辅助记忆的方法中，使用歌诀已被证明是收效显著的方法之一。以歌诀为体裁的医学著作在我国古代颇为多见，其特点是内容简要，文从语趣，富有韵律，朗读上口，记忆入心。

　　在多年的教学工作中，我们体会到，总结性图表具有提纲挈领、概括性强，条理分明、逻辑性强，直观形象、易于理解，简明扼要、便于记忆等特点，通过对比分析，将知识融会贯通，从而启发思维，培养能力。将歌诀与总结性图表结合起来学习，可以收到珠联璧合、相得益彰的良好效果。有鉴于此，我们也试将生物化学的基本内容编成歌诀，并用总结性图表加以注释，旨在为广大医学生提供一种新颖、独特、有效的生物化学学习方法。

　　随着医学的不断发展，现在的医学书籍和教材已很难用歌诀体裁来系统描述和阐明相关知识，但我国语言博大精深，为编写生物化学歌诀提供了深厚的基础。鲁迅先生曾说："地上本没有路，走的人多了，也便成了路。"我们殷切地希望有更多的同仁和我们一道，将生物化学歌诀编写得越来越好，共同开辟出一条用歌诀的方式学习生物化学的新途径。

　　在华中科技大学、武汉科技大学、武汉肽类物质研究所和北京大学医学出版社等单位的大力支持和鼓励下，本书才能得以顺利出版，在此致以衷心的感谢！

　　为满足更多读者的需求，本书的编写参考了多种教科书，但由于我们的水平有限，错误、疏漏和不妥之处难免，敬希广大同仁和读者不吝指正。

余承高

目　录

第一章　蛋白质的结构与功能

一、蛋白质的分子组成

蛋白质的元素组成

共同元素有五种，主为碳氢氧氮硫。磷铁铜锌锰钴碘，某些蛋白质特有。
蛋白质的含氮量，约占百分之十六。

表 1-1　蛋白质的元素组成

元素组成	
蛋白质共有的元素	主要有碳、氢、氧、氮和硫
某些蛋白质特有的元素	磷、铁、铜、锌、锰、钴、钼、碘等
蛋白质含氮量较稳定	蛋白质含氮量约占其总量的 16%，即 1g 氮相当于 6.25g 蛋白质。通过测定生物样品中的含氮量，将其乘以 6.25，就可计算出该样品中蛋白质的含量

组成蛋白质的 20 种氨基酸及其结构

（1）

甘精苏蛋谷谷胺，丝赖半丙天天胺。缬亮异亮有支链，酪色苯丙脯组环。

（2）

干净苏蛋姑姑安，死赖半丙天天胺。鞋亮异亮油脂恋，老色苯兵铺租还。

表 1-2　20 种氨基酸的中英文名称、三字母缩写及单字母符号表示方式

中文名称	英文名称	三字母缩写	单字母符号
甘氨酸	Glycine	Gly	G
丙氨酸	Alanine	Ala	A
缬氨酸	Valine	Val	V
亮氨酸	Leucine	Leu	L
异亮氨酸	Isoleucine	Ile	I
脯氨酸	Proline	Pro	P
苯丙氨酸	Phenylalanine	Phe	F
酪氨酸	Tyrosine	Tyr	Y
色氨酸	Tryptophan	Trp	W

续表

中文名称	英文名称	三字母缩写	单字母符号
丝氨酸	Serine	Ser	S
苏氨酸	Threonine	Thr	T
半胱氨酸	Cysteine	Cys	C
甲硫（蛋）氨酸	Methionine	Met	M
天冬酰胺	Asparagine	Asn	N
谷氨酰胺	Glutamine	Gln	Q
天冬氨酸	Aspartic acid	Asp	D
谷氨酸	Glutamic acid	Glu	E
赖氨酸	Lysine	Lys	K
精氨酸	Arginine	Arg	R
组氨酸	Histidine	His	H

必需氨基酸的种类

（1）

苯丙缬亮色异亮，甲硫苏赖共八将。

（2）

苯兵鞋亮色亦靓，家留数来共八将。

（3）

赖色苯丙蛋，苏缬亮异亮。

表 1-3　氨基酸的分类

分类	氨基酸或其特点
根据氨基酸侧链结构和理化性质分类	
非极性疏水性氨基酸	甘氨酸、丙氨酸、缬氨酸、亮氨酸、异亮氨酸、苯丙氨酸、脯氨酸
极性中性氨基酸	色氨酸、丝氨酸、酪氨酸、半胱氨酸、甲硫氨酸、天冬酰胺、谷氨酰胺
酸性氨基酸	天冬氨酸、谷氨酸
碱性氨基酸	赖氨酸、精氨酸、组氨酸
根据人体能否合成分类	
必需氨基酸	苏氨酸、缬氨酸、亮氨酸、异亮氨酸、赖氨酸、色氨酸、苯丙氨酸、甲硫氨酸

续表

分类	氨基酸或其特点
非必需氨基酸	甘氨酸、丙氨酸、丝氨酸、天冬氨酸、谷氨酸、谷氨酰胺、精氨酸、组氨酸、半胱氨酸、脯氨酸、酪氨酸、天冬酰胺
根据代谢特点分类	
生糖氨基酸	甘氨酸、丝氨酸、缬氨酸、组氨酸、精氨酸、半胱氨酸、脯氨酸、羟脯氨酸、丙氨酸、谷氨酸、谷氨酰胺、天冬氨酸、天冬酰胺、甲硫氨酸
生酮氨基酸	亮氨酸、赖氨酸
生糖兼生酮氨基酸	异亮氨酸、苯丙氨酸、酪氨酸、苏氨酸、色氨酸
特殊的氨基酸	
赖氨酸	含两个氨基的氨基酸
甲硫氨酸、半胱氨酸、胱氨酸	含硫氨基酸
脯氨酸、羟脯氨酸、焦谷氨酸	亚氨基酸
同型半胱氨酸	天然蛋白质中不存在的氨基酸
瓜氨酸	不出现于蛋白质中的氨基酸
色氨酸	在280nm波长具有最大光吸收峰的氨基酸
甘氨酸	20种氨基酸中除甘氨酸外，都属于L-α-氨基酸

谷胱甘肽的功能

保护蛋白中巯基，保护膜和Hb，氨酸吸收可促进，肝的转化亦参与。

表1-4　谷胱甘肽的功能

功能	说明
保护巯基酶及某些蛋白质中的巯基	谷胱甘肽的巯基具有还原性，可作为还原剂，使蛋白质或酶中的巯基免遭氧化，以维持其活性
保护生物膜和血红蛋白	谷胱甘肽在谷胱甘肽过氧化物酶催化下可还原过氧化氢或过氧化物，使生物膜和血红蛋白免遭损伤
参与肝的生物转化	谷胱甘肽可与许多卤代化合物或环氧化合物结合，并从胆汁排泄
参与氨基酸的吸收	谷胱甘肽通过γ-谷氨酰循环而参与氨基酸的吸收

二、蛋白质的分子结构

蛋白质的分子结构

一级氨酸串为链，二级肽链有折卷，三级盘曲更复杂，四级多链合成团。

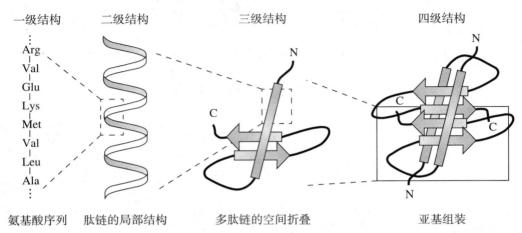

图 1-1　蛋白质各级结构之间的关系

表 1-5　蛋白质分子的结构

	一级结构	二级结构	三级结构	四级结构
定义	蛋白质分子中氨基酸的排列顺序	蛋白质主链的局部空间结构，不涉及氨基酸残基侧链构象	整条肽链中所有原子在三维空间的排布位置	肽链与肽链之间靠非共价键维系的布局和相互作用，即各亚基间的空间排布
形式	氨基酸序列	α螺旋、β折叠、β转角、无规卷曲	结构域	亚基
稳定因素（化学键）	肽键（主要），二硫键（次要）	氢键	疏水作用、离子键、氢键、范德华力	疏水作用（主要）、离子键、氢键、范德华力
意义	各种蛋白质的一级结构互不相同。一级结构是蛋白质空间构象和特异生物学功能的基础，但并不是决定空间构象的唯一因素	二级结构是由一级结构决定的。在蛋白质中存在两个或三个由二级结构的肽段形成的模序，发挥特殊生理功能。二级结构为短距离效应，可协同完成特定的功能	相对分子量大的蛋白质分子常分割成一至数个结构域，分别执行不同的功能。三级结构为长距离效应，具有生物学活性	含有四级结构的蛋白质，单独的亚基一般无生物学功能，四级结构具有协同效应

注释：脯氨酸的存在或者多个谷氨酸、天冬氨酸的存在都会干扰α螺旋的形成。

蛋白质的二级结构

蛋白结构第二级，常见类型有四个：α 螺旋 β 折（叠），无规卷曲 β 转角。

表 1-6 蛋白质二级结构常见的类型

类型	结构特点
α 螺旋	① 多肽链的主链围绕中心轴作顺时针方向螺旋式上升（右手螺旋） ② 每 3.6 个氨基酸残基上升一圈，氨基酸残基侧链伸向螺旋的外侧 ③ 其稳定性靠上、下肽链之间所形成的氢键维系
β 折叠	① 相邻 α- 碳单键向不同方向旋转，使肽键平面呈折扇状或折叠成锯齿状结构 ② 氨基酸残基侧链交替地位于锯齿状结构的上、下方 ③ 两条以上肽链或一条肽链的若干肽段的锯齿状结构可平行排列，其走向相同，也可相反
β 转角	① 出现在多肽链 180° 急转弯处 ② 通常由 4 个氨基酸残基构成 ③ 由第 1 个氨基酸残基的羧基氧与第 4 个氨基酸残基的亚氨基氢形成氢键，维持结构稳定
无规卷曲	肽链中某些部分的氨基酸序列不适于上述结构时，出现无规律结构

α 螺旋结构要点

右手螺旋顺时针，每圈结构较稳定。侧链伸向螺旋外，主由氢键维稳定。

表 1-7 α 螺旋结构要点

结构要点	说明
右手螺旋	多肽链主链围绕中心轴作顺时针方向螺旋式上升
每圈螺旋结构	每 3.6 个氨基酸上升一圈，螺距为 0.54nm
氨基酸残基侧链位置	伸向螺旋的外侧
链内形成氢键	每个氨基酸残基上的亚氨基氢（N—H）与其前面第 4 个氨基酸残基上的羧基氧（C=O）之间形成氢键。氢键方向与螺旋长轴基本平行
稳定螺旋的因素	上、下肽链之间所形成的氢键是 α 螺旋的稳定因素

维持蛋白质分子构象的化学键

维持蛋白构象稳，范德华力与氢键，疏水作用离子键，配位键与二硫键。

表 1-8 维持蛋白质分子构象的化学键

化学键	概念	作用
氢键	多发生于多肽链中负电性很强的氮原子或氧原子的孤对电子与 N—H 或 O—H 的氢原子间的相互吸引力	对维持蛋白质分子的二级结构（如 α 螺旋、β 折叠、β 转角）起主要作用，对维持三、四级结构也有一定作用

续表

化学键	概念	作用
范德华力	包括取向力、诱导力和色散力，其实质是静电引力	参与维持蛋白质分子的三、四级结构
疏水作用（疏水键）	通常指疏水基团之间的相互作用力，是疏水基团或疏水侧链为避开水分子而相互靠近聚集形成的力	对维持蛋白质分子的三、四级结构起主要作用
离子键（盐键）	是正负电荷之间的一种静电相互作用力	蛋白质分子中的—NH_3^+与—COO^-可以形成离子键，对维持蛋白质分子侧链的稳定发挥作用
配位键	是指在两原子之间由其中一个原子单独提供电子对而形成的一种特殊共价键	在一些蛋白质中参与维持三、四级结构
二硫键	指两个硫原子之间的共价键	对稳定某些蛋白质分子的构象起重要作用

多肽链氨基酸残基侧链基团在三级结构中可形成的次级键

多肽氨酸之侧链，能够形成次级键，氢键离子疏水键，范德华力也常见。

表 1-9　多肽链氨基酸残基侧链基团在三级结构中可形成的次级键

次级键	多肽链氨基酸残基侧链基团
氢键	① 丝氨酸和苏氨酸侧链上的羟基 ② 酪氨酸的苯酚基 ③ 精氨酸的胍基 ④ 天冬氨酸和谷氨酸侧链上的羧基 ⑤ 天冬酰胺和谷氨酰胺侧链上的酰胺基
疏水键	丙氨酸、缬氨酸、亮氨酸、异亮氨酸、甲硫氨酸、脯氨酸、苯丙氨酸和色氨酸残基的侧链基团
离子键	天冬氨酸、谷氨酸、精氨酸、赖氨酸和组氨酸残基的侧链基团
范德华力	所有氨基酸残基侧链上的原子

分子伴侣的作用

分子伴侣护蛋白，协助肽链来折叠，保证折叠能正确，错误折叠能纠正，肽链之间二硫键，分子伴侣促形成。

表 1-10　分子伴侣的作用

分子伴侣的作用	说明
提供一个保护环境，加速肽链正确折叠	分子伴侣可逆性地与未折叠肽段的疏水部分结合，随后松开，使肽链正确折叠
纠正错误折叠的肽段	分子伴侣可与错误聚集的肽段结合，使之解聚后，再诱导其正确折叠
促进二硫键的形成	分子伴侣可能具有形成二硫键的酶活性，促进蛋白质分子折叠过程中形成正确的二硫键

蛋白质的分类

蛋白质的种类多，分类方法有三个。

表 1-11　蛋白质的分类

分类方法	蛋白质类型
按组成分类	① 单纯蛋白质：清蛋白、球蛋白、谷蛋白、醇溶蛋白、组蛋白、精蛋白、硬蛋白 ② 结合蛋白质：核蛋白、糖蛋白、脂蛋白、磷蛋白、黄素蛋白、色蛋白、金属蛋白
按分子对称性分类	① 球状蛋白质：大多数蛋白质属于这一类 ② 纤维状蛋白质： 　a. 可溶性纤维蛋白质：肌球蛋白、纤维蛋白 　b. 不溶性纤维蛋白质：胶原、弹性蛋白、角蛋白
按生物学功能分类	酶、运输蛋白质、营养和贮存蛋白质、收缩或运动蛋白质、结构蛋白质、防御蛋白质等

三、蛋白质结构与功能的关系

蛋白质结构与功能的密切关系

蛋白结构与功能，两者密切相关联。

表 1-12　蛋白质结构与功能的密切关系

蛋白质结构与功能的关系	说明
一级结构不同的蛋白质，功能各不相同	如酶原（无生物活性）和酶（有生物活性）
一级结构近似的蛋白质，功能也相近	同源蛋白质（指不同机体中具有相同功能的蛋白质）的一级结构相似，且亲缘关系越近者，差异越小，如胰岛素、细胞色素 C 等

续表

蛋白质结构与功能的关系	说明
一级结构是空间构象的基础	例如，空间构象遭破坏的核糖核酸酶，只要其一级结构未被破坏，就可能恢复到原来的三级结构，功能依然存在
一级结构中关键的氨基酸缺失或被替代，可引起分子病	例如镰刀形红细胞贫血患者血红蛋白β亚基第6位氨基酸由谷氨酸换成了缬氨酸，使得Hb相互粘着，导致红细胞变形成镰刀状而极易破碎，引起贫血
蛋白质空间结构与功能关系密切	①蛋白质变性作用表明蛋白质空间结构与功能的关系十分密切；②变构蛋白和变构酶证明构象改变时，功能也会发生改变
氨基酸序列提供重要的生物进化信息	通过比较不同种系间蛋白质的一级结构，有助于了解物种进化间的关系

肌红蛋白和血红蛋白的比较

血红蛋白四亚基，氧离曲线S型，有利红细胞运氧，协同变构好效应。
肌红蛋白在肌肉，有利肌C氧利用。

表 1-13　肌红蛋白和血红蛋白的比较

	肌红蛋白（Mb）	血红蛋白（Hb）
来源	肌肉组织	红细胞
种类	1种	3种：HbA_1（成人98%）、HbA_2（成人2%）和HbF（胎儿）
一级结构	1条肽链，153个aa，其中的83个aa为保守序列	4条肽链，α亚基约141aa，β亚基约146aa；HbA_1为$\alpha_2\beta_2$，HbA_2为$\alpha_2\delta_2$，HbF为$\alpha_2\gamma_2$
二级结构	75%α螺旋，有A、B、C、D、E、F、G和H共8段螺旋，中间由无规卷曲或转角来连接	每条链同Mb
三级结构	典型的球蛋白，分子表面形成1个疏水口袋，血红素即藏在其中	每条链同Mb
四级结构	无（只有三级结构）	4个亚基占据着四面体的4个角，链间以离子键结合，1条α链与1条β链形成二聚体，Hb可以看成是由2个二聚体组成的$(\alpha\beta)_2$，在二聚体内结合紧密，在二聚体之间结合疏松
辅基	血红素（Fe^{2+}），结合氧气	每个亚基结合1分子血红素（Fe^{2+}），1分子Hb可结合4分子氧气

	肌红蛋白（Mb）	血红蛋白（Hb）
协同变构效应	无	正协同效应
氧合曲线	双曲线	S 曲线
2，3-BPG	很难结合	2 条 β 链之间可结合一分子 BPG
功能	肌肉组织中贮存氧气，运输氧气到线粒体	在血液中运输氧气

注释：aa 指氨基酸，2，3-BPG 为 2，3-二磷酸甘油酸。

四、蛋白质的理化性质

蛋白质的理化性质

酸正碱负两游离，正负相等 pH 值，电呈中性等电点，蛋白不同各不一，
去电除水可沉淀，不透半膜是胶体，理化因素可失活，呈色反应加试剂。

表 1-14 蛋白质的理化性质

理化特性	说明
两性解离	① 两端氨基和羧基 + 侧链上的某些基团解离 ② 若溶液 pH < pI，蛋白质带正电荷 ③ 若溶液 pH > pI，蛋白质带负电荷 ④ 若溶液 pH=pI，为兼性离子，电荷为 0
等电点（pI）	体内各种蛋白质的 pI 不同，多接近 5.0
紫外吸收	蛋白质 OD_{280} 与其浓度成正比，故可测定蛋白质的含量
茚三酮反应（呈色反应）	氨基酸与茚三酮共同加热，最终可形成蓝紫色的化合物，其最大吸收峰在 570nm 处，利用此原理可进行氨基酸定量分析
双缩脲反应	阳性。用于检测蛋白质水解程度
胶体性质	有
变性、沉淀、凝固	有

构象与构型的比较

分子构象与构型，二者含义有差异。

表 1-15　构象与构型的比较

	构象	构型
定义	指分子中由于共价单键的旋转所表现出的原子或基团的不同空间排布	指在立体异构体中的原子或取代基团的空间排列关系
形式	有多种形式	有 D 型和 L 型两种
共价键的断裂	构象改变不涉及共价键的断裂或重新组成	构型改变涉及共价键的断裂和重新组成
光学活性的变化	无	有

五、蛋白质的分离纯化与结构分析

蛋白质分离纯化方法及原理

沉淀离心膜过滤，还有层析与电泳。氨酸序列可分析，可测蛋白结构域。

表 1-16　蛋白质的分离纯化方法及原理

蛋白质分离纯化方法	作用原理
沉淀法	
盐析	溶解度
等电点沉淀	溶解度
有机溶剂沉淀	溶解度
离心法	
超速离心法	大小、形状、密度
膜过滤技术	
透析法	大小、形状
超滤法	大小、形状
电泳法	
凝胶电泳	电荷、形状、大小
双向电泳	等电点、电荷、大小、形状
等电聚焦电泳	等电点
高效毛细管电泳	电荷、大小、等电点等
层析法	
吸附层析	各组分在作为固定相的固体吸附剂表面的吸附能力不同
分配层析	各组分在流动相和静止液相（固定相）中的分配系数不同
离子交换层析	固定相是离子交换树脂，各组分因所带电荷状况不同，与离子交换树脂的亲和力不同
凝胶层析	固定相为多孔凝胶，各组分的分子大小不同，因而在通过凝胶时受阻滞的程度不同
疏水层析	固定相为带有强疏水基团的树脂，各组分的疏水性不同，导致其与树脂的结合能力不同
亲和层析	固定相只能与一种待分离组分专一结合，以此达到与无亲和力的其他组分分离的目的

表 1-17　蛋白质中氨基酸测序分析的基本步骤

基本步骤	说明
分析已纯化的蛋白质氨基酸残基的组成	用盐酸将已纯化的蛋白质水解成氨基酸，测定各种氨基酸的含量，计算其在蛋白质中的百分比或个数
测定蛋白质两端的氨基酸	即测定蛋白质氨基末端和羧基末端的氨基酸
水解蛋白质成肽段	分离各肽段
测定各肽段的氨基酸序列	常用 Edman 法
确定蛋白质中氨基酸序列	将结果组合排列对比，得出整条肽链的氨基酸序列

表 1-18　蛋白质空间结构的测定

测定步骤	方法
蛋白质二级结构含量测定	圆二色光谱法，测定 α 螺旋较多的蛋白质时，结果较为准确
蛋白质三维空间结构测定	X 射线衍射法和磁共振成像技术等

第二章 核酸的结构与功能

一、核酸的化学组成及一级结构

🐟 核酸的化学组成

腺嘌呤，鸟嘌呤，胞尿胸腺是嘧啶。碱基核糖加磷酸，核苷酸则可定型。

表 2-1 碱基、核苷和 5′- 核苷酸的命名

碱基 （base）	核糖核苷 (ribonucleoside)	核糖核苷酸 (ribonucleotide)
腺嘌呤 （adenine, A）	腺苷 （adenosine）	腺苷 -5′- 单磷酸（adenosine-5′-monophosphate, AMP） 腺苷酸（adenylate）
鸟嘌呤 （guanine, G）	鸟苷 （guanosine）	鸟苷 -5′- 单磷酸（guanosine-5′-monophosphate, GMP） 鸟苷酸（guanylate）
胞嘧啶 （cytosine, C）	胞苷 （cytidine ）	胞苷 -5′- 单磷酸（cytidine-5′-monophosphate,CMP） 胞苷酸（cytidylate）
尿嘧啶 （uracil,U）	尿苷 （uridine）	尿苷 -5′- 单磷酸（uridine-5′-monophosphate,UMP） 尿苷酸（uridylate）
碱基 （base）	脱氧核糖核苷 （deoxyribonucleoside）	脱氧核糖核苷酸 （deoxyribonucleotide）
腺嘌呤 （adenine, A）	脱氧腺苷 （deoxyadenosine）	脱氧腺苷 -5′- 单磷酸 （deoxyadenosine-5′-monophosphate,dAMP） 脱氧腺苷酸（deoxyadenylate）
鸟嘌呤 （guanine, G）	脱氧鸟苷 （deoxyguanosine）	脱氧鸟苷 -5′- 单磷酸 （deoxyguanosine-5′-monophosphate,dGMP） 脱氧鸟苷酸（deoxyguanylate）
胞嘧啶 （cytosine, C）	脱氧胞苷 （deoxycytidine ）	脱氧胞苷 -5′- 单磷酸 （deoxycytidine-5′-monophosphate,dCMP） 脱氧胞苷酸（deoxycytidylate）
胸腺嘧啶 （thymine,T）	脱氧胸腺或胸苷 （deoxythymidine or thymidine）	脱氧胸苷 -5′- 单磷酸 （deoxythymidine-5′-monophosphate,dTMP） 脱氧胸腺苷酸或胸苷酸 （deoxythymidylate or thymidylate）

多核苷酸链与多肽链的比较

多核苷链多肽链，两者对比差别显。

表 2-2 多核苷酸链与多肽链的比较

	多肽链	多核苷酸链
基本组成单位	20 种氨基酸	核苷酸：A、G、C、T（DNA） A、G、C、U（RNA）
共价键连接	肽键	磷酸二酯键
方向性	N 端→C 端	5′-端→3′-端
一级结构	氨基酸排列顺序 （侧链：AA 侧链基团）	碱基序列 [碱基 AGCT(U)]
空间结构	二、三、四级结构	双螺旋、超螺旋、蛋白质-核酸的非共价结合

各种来源 DNA 的碱基组成规律

具有种属特异性，个体同一且稳定，碱基配对有规律，GC、AT 相联系。

表 2-3 各种来源 DNA 的碱基组成规律（Chargaff 规则）

基本规律	说明
种属特异性	不同来源生物 DNA 碱基组成不同
个体同一性	同一生物不同组织的 DNA 碱基组成相同
稳定性	同一生物的 DNA 碱基组成不随生物体的年龄、营养状况或环境变化而改变
碱基配对	DNA 分子中，腺嘌呤摩尔含量与胸腺嘧啶摩尔含量相同（[A]=[T]），鸟嘌呤摩尔含量与胞嘧啶摩尔含量相同（[G]=[C]）。总的嘌呤摩尔含量与总的嘧啶摩尔含量相同（[A]+[G]=[C]+[T]）

二、DNA 的结构与功能

DNA 的分子结构

脱氧多聚核苷酸，两链并联双螺旋。腺胸鸟胞（A-T、G-C）双双接，紧缩绞成麻花辫。

表 2-4 DNA 双螺旋结构模型要点（B-DNA）

结构要点	说明
反向平行的互补双链	DNA 分子由两条互相平行但走向相反的脱氧多聚核苷酸链组成，脱氧核糖和磷酸形成长链的基本骨架，位于外侧，而碱基位于内侧

续表

结构要点	说明
右手螺旋	反向平行双链围绕同一中心轴盘绕成右手螺旋,螺距为3.4nm,直径为2.0nm,每个螺旋单元含有10个碱基对(bp)。螺旋轴穿过碱基平面,相邻碱基对沿轴旋转36°,上升0.34nm。DNA分子存在一个大沟和一个小沟
碱基互补配对	两条链的碱基之间以氢键相连接。腺嘌呤(A)始终与胸腺嘧啶(T)配对形成两个氢键;鸟嘌呤(G)始终与胞嘧啶(C)配对形成三个氢键。碱基平面几乎垂直于螺旋轴
维持双螺旋结构稳定的力量	碱基对之间的氢键维持双螺旋结构横向稳定,碱基平面间的疏水性堆积力维持纵向稳定

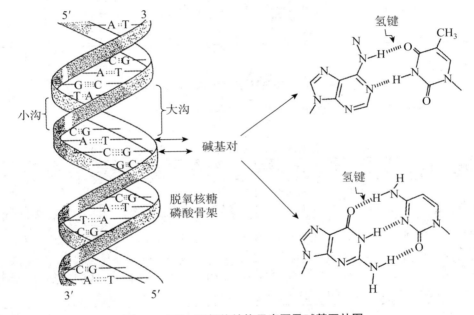

图 2-1 DNA 双螺旋结构示意图及碱基互补图

DNA 两条链的走向为反向平行,两条链围绕同一轴构成右手螺旋;两条链上的碱基形成了互补的碱基对。此外,双螺旋的纵向稳定性靠碱基平面的疏水性堆积力维持

表 2-5 A 型双螺旋、B 型双螺旋和 Z 型双螺旋的比较

	A 型双螺旋	B 型双螺旋	Z 型双螺旋
外形	短而宽	长而瘦	长而细
每碱基对上升距离	0.23nm	0.332 ± 0.19nm	0.38nm
螺旋直径	2.55nm	2.37nm	1.84nm
螺旋方向	右手	右手	左手

续表

	A 型双螺旋	B 型双螺旋	Z 型双螺旋
螺旋内每重复单位的 bp 数	1	1	2
每圈 bp 数	～ 11	～ 10	12
碱基夹角	32.7°	34.6°	60°/2
螺距	2.46nm	3.32nm	4.56nm
碱基对倾角	+19°	1.2°±4.1°	-9°
螺旋轴位置	大沟	穿过碱基对	小沟
大沟	极度窄、很深	很宽，深度中等	平坦
小沟	很宽、浅	窄，深度中等	极度窄、很深
糖苷键构象	反式	反式	C 为反式，G 为顺式
糖环折叠	C3′ 内式	C2′ 内式	嘧啶 C2′ 内式，嘌呤 C3′ 内式
分布	双链 RNA，RNA/DNA 杂交双链，低湿度 DNA（75%）	双链 DNA（高湿度 92%）	嘧啶和嘌呤交替存在的双链 DNA 或 DNA 链上嘧啶和嘌呤交替存在的区域

📖 DNA 分子结构及组装

一级结构核苷酸，排列顺序有特征；二级结构双螺旋，反向平行又互补；

三级结构超螺旋，组装精细又致密；再次折叠称四级，组装形成染色体。

表 2-6　DNA 分子结构及功能

项目	一级结构	二级结构	高级结构
定义	核苷酸的排列顺序	DNA 的双螺旋结构	在双螺旋结构的基础上，进一步折叠，在蛋白质的参与下组装成为的致密结构
结构特点	碱基的排列顺序	反向、平行、互补、双链右手螺旋结构，DNA 结构的多样性	核小体、核小体卷曲及柱状结构折叠等形成超螺旋形式
稳定性的维系	磷酸二酯键	纵向：碱基的堆积力 横向：配对的氢键	
功能	作为生物遗传信息复制的模板和基因转录的模板，是生命遗传繁殖的物质基础，也是个体生命活动的基础		

📖 蛋白质与核酸的比较

比较核酸与蛋白，结构组成有差别。

表 2-7　蛋白质与核酸的比较

	蛋白质	核酸
组成单位	氨基酸	核苷酸
组成单位的种类	20 种氨基酸	A、G、C、T（DNA） A、G、C、U（RNA）
连接方式	肽键	磷酸二酯键
一级结构	氨基酸排列顺序 （主链骨架单位：-C$_\alpha$-Co-N-) （侧链：AA 侧链基团）	碱基序列 （骨架单位：磷酸 - 核糖） [碱基：AGCT（U）]
空间结构	二、三、四级结构	双螺旋、超螺旋、蛋白质 - 核酸的非共价结合
功能	生命活动中各种功能的直接 执行者（功能大分子）	遗传信息的储存、传代、表达，决定蛋白质 的结构（遗传大分子）

核小体

DNA 成染色质，遗传信息储存地，基本单位核小体，核心区与连接区。

表 2-8　核小体的基本结构

核小体组分	组蛋白（H）	DNA
核心区	两分子 H2A、H2B、H3 和 H4 共同构成八聚体的核心组蛋白	长度约 150bp 的 DNA 双链在组蛋白八聚 体上盘绕 1.75 圈形成核小体的核心颗粒
连接区（核心颗粒 之间）	H1	由约 60bp 的 DNA 和 H1 将核心颗粒连接 起来构成串珠状染色质细丝

原核生物和真核生物 DNA 的比较

原核真核 DNA，结构特征有差别。

表 2-9　原核生物和真核生物 DNA 的比较

特征	原核生物	真核生物
相对分子质量	大肠埃希菌： 2.6×10^9（4×10^6bp，1.4nm）	人： 1.8×10^{12}（2.9×10^9bp，0.99m）
每个染色体中的分子数量	1	1
每个细胞中大分子数量	1	许多
结构	双链，环状	双链，线状
超螺旋	是	是
与之结合的碱性蛋白质	有一些，但没有特定结构	组蛋白，核小体
重复 DNA	无	有

续表

特征	原核生物	真核生物
基因连续性	连续	不连续
一个基因出现的频率	一次	一次或多次
非翻译 DNA	较少，小的调节序列	较多，多为长序列
回文结构	少，小	多，大
限制 / 修饰系统	有	无
质粒 DNA（双链环状）	有	无
细胞器 DNA（双链环状）	无	有

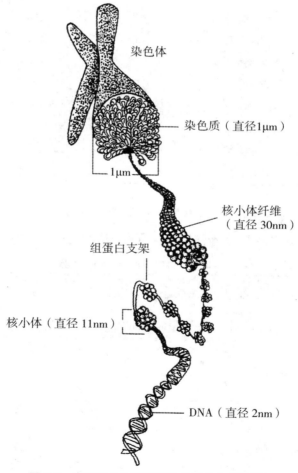

染色体

染色质（直径1μm）

1μm

核小体纤维（直径 30nm）

组蛋白支架

核小体（直径 11nm）

DNA（直径 2nm）

图 2-2　真核染色体不同层次的结构包装模型

碱基（A、G、C、T）+ 脱氧核糖 + 磷酸→ DNA 的一级结构（排列顺序）→ DNA 双螺旋分子 + 组蛋白八聚体（核小体的核心颗粒）→颗粒之间由 DNA 和组蛋白（H1）连接形成串珠样结构→盘旋形成中空的核小体纤维（螺线管）→再盘旋成纤维状及襻状结构→棒状的染色体单体

三、RNA 的结构和功能

RNA 的类型

RNA 有多类型，结构功能各不同。

表 2-10 动物细胞内主要的 RNA 种类及功能

名称	缩写	细胞内位置	功能
核糖体 RNA	rRNA	细胞质	核糖体组成成分
信使 RNA	mRNA	细胞质	蛋白质合成模板
转运 RNA	tRNA	细胞质	转运氨基酸
微 RNA	microRNA	细胞质	翻译调控
胞质小 RNA	scRNA /7SL-RNA	细胞质	信号肽识别体的组成成分
不均一核 RNA	hnRNA	细胞核	成熟 mRNA 的前体
核小 RNA	snRNA	细胞核	参与 hnRNA 的剪接、转运
核仁小 RNA	snoRNA	核仁	rRNA 的加工和修饰
线粒体核糖体 RNA	mt rRNA	线粒体	核糖体组成成分
线粒体信使 RNA	mt mRNA	线粒体	蛋白质合成模板
线粒体转运 RNA	mt tRNA	线粒体	转运氨基酸

RNA 的分子结构

核苷酸互接成链，单链局部双螺旋。腺尿鸟胞对应配，无配单链围小圈。

表 2-11 三种常见的 RNA 的比较

	mRNA	tRNA	rRNA
名称	信使 RNA	转运 RNA	核糖体 RNA
主要功能	蛋白质合成的直接模板	氨基酸的转运载体	核糖体的组成成分 蛋白质合成的场所
比例	约占总 RNA 的 5%	占总 RNA 的 10%～15%	最多，占总 RNA 的 75%～80%
二级结构	单链	二级结构：三叶草形 三级结构：倒 L 形	花状
结构特点	5'-端带有 m^7GpppN 帽结构，3'-端带有 polyA 尾结构，中间是遗传信息编码区	从 5'-端至 3'-端分别是 DHU 环、反密码子环、TΨ 环，至 3'-端为 CCA-OH	原核：大亚基 23S、5S，小亚基 16S 真核：大亚基 28S、5.8S，小亚基 18S
分布	胞核	胞质	胞质

真核生物 mRNA 的结构

5′端结构呈帽状，3′端结构多聚尾，编码区有密码子，非译序列管调控。

表 2-12　真核生物 mRNA 的结构

结构名称	结构特点	作用
5′-末端的帽子结构	大多数真核生物 mRNA 在 5′-端有 mGpppN 的帽子结构	该结构对于 mRNA 从细胞核向细胞质的转运、与核糖体的结合、与翻译起始因子的结合以及 mRNA 稳定性的维系均有重要作用
编码区	mRNA 分子从 5′-末端的 AUG 开始，每 3 个核苷酸为一组，决定肽链上的一个氨基酸，称为三联体密码子，共有 64 个密码子	指导蛋白质合成的模板
3′-末端的多聚尾结构	由数十个至百余个腺苷酸连接而成的多聚腺苷酸结构	该结构与 5′-帽结构共同负责 mRNA 从核内向细胞质的转位、mRNA 稳定性的维系以及翻译起始的调控
5′-端和 3′-端非翻译序列	mRNA 上位于编码区（开放读码框）上游和下游的序列	不翻译成蛋白质，但参与翻译的调控

原核生物和真核生物 mRNA 的区别

信使核酸原真核，结构特征有差别。

表 2-13　原核生物和真核生物 mRNA 的区别

特点	原核生物 mRNA	真核生物 mRNA
半衰期	数分钟	数小时或数天
翻译模板	多顺反子	单顺反子
帽	无	m^7Gppp5'-Np
尾	无或少（不超过 10 个）	polyA
SD 序列	AGGAGG	无
内含子	无	有
起始密码	AUG、GUG（概率 18：1）	AUG
终止密码	UAA、UAG、UGA	UAA、UAG、UGA
生成方式	边转录，边翻译	前体 hnRNA 修饰后转入胞质
稀有碱基	无	极少，主要是 m^7G 帽结构和非翻译区的 m^6A

tRNA 二级结构

tRNA 有四环，氨基酸臂运氨酸。

表 2-14 tRNA 二级结构的基本特点

tRNA 组成部分	基本结构	作用
双氢尿嘧啶环	环中含有稀有碱基 DHU（双氢尿嘧啶）	此环与氨基酰-tRNA 合成酶的特异性辨认有关
反密码子环	环中有反密码子，不同的 tRNA 构成反密码子的核苷酸不同	可辨认 mRNA 上的密码子，使氨基酸正确入位（翻译遗传密码）
额外环（可变环）	含有稀有碱基较多，不同的 tRNA 此环碱基组成差异较大	不同的 tRNA 分子大小主要由可变环决定
Tψ 环	环中含胸苷、假尿苷和胞苷	此环上具有核糖体表面特异性位点连接的部位，与核糖体结合有关
氨基酸臂	3′-端为 CCA-OH	是携带氨基酸的部位（运载氨基酸）

注释：所有 tRNA 均有相似的结构特点，①含有较多的稀有碱基；②形成茎环结构；③3′-末端有氨基酸接纳茎；④有反密码子；⑤三级结构呈倒 L 形。

核糖体的组成

核蛋白体分两部，大亚基与小亚基，两者组装成一体，蛋白质的合成地。

表 2-15 核糖体的组成

	原核生物（以大肠埃希菌为例）		真核生物（以小鼠肝为例）		功能
小亚基	30S		40S		具有 mRNA 与 tRNA 的结合位点，能与 mRNA 结合并识别起始密码子 AUG
rRNA	16S	1542 个核苷酸	18S	1874 个核苷酸	
蛋白质	21 种	占总重量的 40%	33 种	占总重量的 50%	
大亚基	50S		60S		当 40S 亚基识别起始密码子 AUG 后，与 40S 亚基结合，具有肽基转移酶活性
rRNA	23S	2940 个核苷酸	28S	4718 个核苷酸	
	5S	120 个核苷酸	5.85S	160 个核苷酸	
			5S	120 个核苷酸	
蛋白质	31 种	占总重量的 30%	49 种	占总重量的 35%	

核酸的分布及功能

DNA，在核里，遗传信息它控制；RNA，多在质，合成蛋白传信息：

mRNA 为模板，tRNA 作载体，rRNA 是车间，三者分工又统一。

表 2-16 DNA 与 RNA 性质比较

	DNA	RNA
名称	脱氧核糖核苷酸	核糖核苷酸
碱基组成	A、T、C、G	A、U、C、G
戊糖组成	β-D-2-脱氧核糖	β-D-核糖
类型	DNA	mRNA、tRNA、rRNA 等
核苷酸 / 脱氧核苷酸	dATP、dTTP、dCTP、dGTP	ATP、UTP、CTP、GTP
分布部位	98% 在细胞核中 2% 在线粒体中	90% 分布于细胞质 10% 分布于细胞核
基本结构	反向、平行、互补双螺旋	单链无规卷曲
与蛋白质的结合	主要与组蛋白结合	rRNA 与核糖体结合
稀有碱基	不含有	tRNA 含有 10% ~ 20% 的稀有碱基
主要生物学功能	储存遗传信息	传递及表达遗传信息
理化性质	多元酸、线性高分子、黏度大、 易在机械力作用下断裂	分子小，黏度小
纯品时 OD_{260}/OD_{280}	1.8	2.0
稳定性	稳定	不稳定
相同点	①分子组成：均含有碱基（A、G、C）、戊糖和磷酸 ②基本组成单位：均为单核苷酸，以 3′、5′ 磷酸二酯键相连形成一级结构	

四、核酸的理化性质

核酸的理化特性

酸性较强黏滞性，引力场中可下沉，紫外吸收有峰值，变性之后可复性。

表 2-17 核酸的理化特性

核酸的性质	说明
酸碱性	具有较强的酸性
黏滞性	极大
沉淀性	在引力场中可以下沉
紫外线吸收	在 240 ~ 290nm 紫外波段有强烈吸收，最大吸收峰值约为 260nm
变性及复性	有（DNA 在某些条件下可解链为单链，变性 DNA 在适当条件下，两条互补链可重新配对，恢复天然的双螺旋构象）

🖋 DNA 变性后理化性质的改变

DNA 若变性后，增色效应可显现，黏度比旋均下降，浮力密度均上升，酸碱滴定线改变，生物活性难维持。

表 2-18　DNA 变性后理化性质的改变

检查指标	变性后的改变
A_{260}	增高（增色效应）
黏滞度	下降
比旋度	下降
浮力密度	升高
酸碱滴定曲线	改变
生物活性	丧失

🖋 DNA 与蛋白质变性的比较

DNA 与蛋白质，变性不同亦相似。

表 2-19　DNA 与蛋白质变性的比较

	蛋白质变性	DNA 变性
变性条件	一些理化因素	一些理化因素
变性的本质	非共价键、二硫键被破坏	氢键被破坏
变性的结果	空间结构破坏，生物学活性丧失，但一级结构不变	二级结构发生改变，生物学功能丧失，但一级结构不变
变性的标志	易被蛋白酶水解	增色效应（A_{260} 增高）

注释：（1）一般认为 DNA 的变性主要是发生在维系其双螺旋结构的氢键被破坏，即二级结构的破坏，并不涉及一级结构的改变。

（2）检测 DNA 变性的指标之一是 DNA 在 A_{260} 的变化。

（3）T_m 值与该 DNA 分子所含的"G+C"的比例成正比。因为 G 与 C 配对时形成三个氢键，而 A 与 T 配对时只形成两个氢键，所以 G 与 C 的结合较牢固，解链时也比 A 与 T 困难一些。

🖋 影响 DNA 解链温度的因素

解链温度 DNA，影响因素有四类。

表 2-20 影响 DNA 解链温度（T_m）的因素

影响 T_m 的因素	说明
DNA 分子的组成	
G≡C 含量	因 G≡C 间有 3 个氢键，故 G≡C 含量越多，T_m 则越大
A=T 含量	因 A=T 间只有 2 个氢键，故 A=T 含量越少，T_m 则越小
DNA 分子的长度	DNA 分子越长，在解链时所需的能量越高，故 T_m 值也越大
DNA 均一性	均质的 DNA（分子种类、大小单一的 DNA），其 T_m 变动范围较小
	异质 DNA（分子种类、大小不一的 DNA），其 T_m 变动范围较大
介质中的离子强度	在离子强度较低的介质中，DNA 的 T_m 较小，变动范围较大

五、核酸酶

核酸酶概况

降解核酸核酸酶，可以分成好几类。

各酶作用有专长，应用之时细挑选。

表 2-21 核酸酶的分类

分类依据	种类	功能
按作用底物	DNA 酶	特异性地降解 DNA
	RNA 酶	特异性地降解 RNA
按作用方式	核酸内切酶	切断 DNA 或 RNA 链中的磷酸二酯键
	双链核酸酶	只水解双链核酸分子
	单链核酸酶	只水解单链核酸分子
	限制性内切酶	对被切断点有序列特异性要求
	核酸外切酶	仅能水解位于核酸链末端的核酸
	5'-3' 外切酶	仅能从 5'- 末端水解核酸
	3'-5' 外切酶	仅能从 3'- 末端水解核酸

第三章 酶

一、酶的结构与功能

🖎 酶

催化作用蛋白质，效率极高有特异。两剂三度可影响：激活剂与抑制剂，浓度温度酸碱度，是速是缓应注意。

表 3-1 酶的分子组成

分类	分子组成	作用
单纯酶	蛋白质	
结合酶	酶蛋白 - 蛋白质	全酶才有催化作用
	辅助因子 - 金属离子	决定反应特异性
	小分子有机物	决定反应种类与性质

🖎 酶中金属辅助因子的作用

酶中金属有作用，活性中心参组成，酶与底物相连接，酶的结构能稳定，金属都是阳离子，中和负电利反应。

表 3-2 酶中金属辅助因子的作用

作用	说明
参与构成酶活性中心的催化基团	参与催化反应、传递电子
作为连接酶与底物的桥梁	便于酶与底物反应
稳定酶的空间构象	酶的空间构象稳定才能更好地发挥催化作用
中和阴离子	降低反应中的静电斥力，有利于催化反应

🖎 常见辅酶及辅基

一些 B 族维生素，辅酶辅基能参构。

表 3-3 常见辅酶、辅基及其主要作用

辅酶	辅基	所含维生素	转移的基团
NAD^+		烟酰胺（维生素 PP）	H^+、电子
$NADP^+$		烟酰胺（维生素 PP）	H^+、电子
	FMN	核黄素（维生素 B_2）	氢原子
	FAD	核黄素（维生素 B_2）	氢原子
辅酶 A（CoA）		泛酸	酰基
	硫辛酸	硫辛酸	酰基
焦磷酸硫胺素（TPP）		硫胺素（维生素 B_1）	醛基
	生物素	生物素	羧基（二氧化碳）
磷酸吡哆醛		吡哆醛（维生素 B_6）	氨基
钴胺素辅酶类		钴胺素（维生素 B_{12}）	甲基
四氢叶酸（FH_4）		叶酸	一碳单位

与酶活性有关的化学基因

酶中多肽链基团，与酶活性有相关。

表 3-4 酶分子多肽链中可能与酶活性有关的化学基团

氨基酸	反应基团	pH=7 时带电量	主要作用
Asp	—COO^-	-1	结合阳离子，质子转移
Glu	—COO^-	-1	结合阳离子，质子转移
His	咪唑环	近似 0	质子转移
Cys	—S^-	近似 0	酰基的共价结合
Tyr	—OH	0	与配体形成氢键
Lys	—NH_3^+	+1	结合阴离子
Arg	胍基	+1	结合阴离子
Ser	—CH_2OH	0	酰基的共价结合

酶的必需基团

必需基团分两种，活性中心内外布。

表 3-5 酶的必需基团

种类	作用
活性中心内的必需基团	
结合基团	与底物相结合
催化基因	催化底物转变为产物
活性中心外的必需基团	维持酶活性中心应有的空间构象所必需

酶活性中心的特征

活性中心三维体，占酶体积小部分，形似裂缝或口袋，底物结合特异性。
酶的构象不固定，可以改变有柔性。

表 3-6　酶活性中心的特征

特征	说明
活性中心是一个三维实体	构成活性中心的氨基酸残基和辅助因子精密排列成特殊的结构
活性中心占酶总体积的很小一部分	活性中心只占酶总体积的 1% ~ 2%
活性中心为酶表面的一个裂缝、空隙或口袋	活性中心内多为疏水性氨基酸残基，但也有少量极性氨基酸残基，以便与底物结合进行催化
活性中心与底物结合为多重次级键	包括氢键、疏水键和范德华力
活性中心与底物结合有特异性	一定程度上活性中心与底物之间在结构上有互补性
活性中心具有一定的柔性	活性中心的构象不是固定不变的

酶的活性中心以外结构

活性中心外结构，酶的活动能支助。

表 3-7　酶的活性中心以外结构的作用

作用	说明
维持酶的空间构象	活性中心以外的一些基团是维系活性中心三维结构的骨架
促进酶促反应	活性中心以外的结构可与作用物广泛结合，所释放的能量在热力学上推动反应的进行
决定酶促反应的特异性	
调节酶的活性	一些活性中心以外的结构具有调节区，与代谢物结合可使酶蛋白分子构象改变，影响酶与底物的结合，从而改变酶的活性（酶的变构调节）

酶的存在形式

单纯酶，寡聚酶，多酶体系多功酶。

表 3-8　酶的存在形式

名称	概念	举例
单纯酶（monomeric enzyme）	由具有三级结构的一条肽链构成的酶为单纯酶	牛胰核糖核酸酶、溶菌酶、羧肽酶 A
寡聚酶（oligomeric enzyme）	由多个相同或不同亚基以非共价键相连的酶称为寡聚酶	乳酸脱氢酸、醛缩酶、己糖激酶、RNA 聚合酶、胰凝乳蛋白酶
多酶体系（multienzyme system）	有些寡聚酶是由几种不同催化功能的酶聚合形成的多酶复合物，其催化作用如同流水线，底物从一个酶依次流向另一些酶，发生连锁反应，被称为多酶体系	丙酮酸脱氢酶系
多功能酶（multifunctional enzyme,tandem enzyme）	一些多酶体系在进化过程中由于基因融合，使具有多种不同催化功能的酶形成一条多肽链，这类酶被称为多功能酶或串联酶	脂肪酸合酶体系

二、酶的工作原理

酶促反应与催化剂催化反应的共同点

酶是化学催化剂，催化特点相类似，只是催化效率高，催化更具特异性。

表 3-9　酶促反应与催化剂催化反应的共同点

共同点	说明
催化的反应范围	都只能加速热力学上能进行的反应
在可逆反应中的特点	一般既可催化正反应，也可催化逆反应
催化的特点	都只能加速达到化学平衡的时间，不能改变反应的平衡点
催化的机制	降低反应的活化能而加快反应速度
自身的变化	在催化反应过程中，自身的结构、性质和数量都不变

酶促生化反应的特点

酶促反应高效率，具有高度特异性，酶促反应可调节，酶不稳定常更新。

表 3-10　酶促生化反应的特点

特点	说明
酶促反应具有极高的效率	酶的催化效率比一般催化剂高，因为酶可通过其特有的作用机制，比一般催化剂更有效地降低反应的活化能
酶促反应具有高度的特异性 　绝对特异性	有的酶只能作用于特定结构的底物分子，进行一种专一的反应，生成一种特定结构的产物
相对特异性	有的酶作用于一类化合物或一种化学键，其选择性不太严格
立体异构特异性	有的酶仅作用于底物分子的一种立体异构体
酶促反应具有可调节性	机体可以调节酶的生成与降解量、酶的催化活性及效率、底物浓度的变化，使酶促反应适应机体代谢的需要
酶在不断地更新	在体内，酶在不断地更新，即酶不断地生成和降解
不稳定性	酶的化学本质是蛋白质或核酸（例如核酶），只能在常温、常压和一定的 pH 环境中才具有活性，若酶的结构被破坏，其生物活性将会丧失。酶对热不稳定，对反应的条件要求严格

酶促反应的机制

酶促反应机制多：诱导契合利反应，邻近效应定向排，反应速度大提升，
酶与底物易接触，表面效应易反应，酶具多元催化性，化学反应加速行。

表 3-11　酶促反应机制的各种学说——有效降低活化能

酶促反应机制学说	基本要点
诱导契合学说	酶分子的构象与底物的结构不完全吻合，酶在底物分子作用下发生构象改变，形成活性中心并与底物催化部位靠近；底物在酶诱导下也发生变形，形成具有高度反应能力的过渡态，易受酶的作用。过渡态与酶活性中心结合，释放能量，可抵消一部分活化能
邻近效应与定向排列	在酶的作用下，底物可聚集到酶活性中心部位，它们相互靠近，形成利于反应的正确定向关系，底物与酶活性中心结合时，也诱导酶蛋白构象改变，使其催化基团与结合基团正确排列定位，利于底物与酶更好地互补形成过渡态，将分子间的反应变成类似分子内的反应，从而提高反应速度
表面效应	酶分子表面由亲水基团构成，内部常由疏水基团构成口袋样结构。活性中心也位于口袋中，使底物与酶的反应在酶分子内部疏水环境中进行，利于底物与酶分子直接接触而发生反应
多元催化	酶可通过酸碱催化、共价催化（包括亲核催化和亲电子催化）等作用，加速反应的进行

三、酶促反应动力学

米氏方程

米氏方程有作用，多种问题可说明。

表 3-12　从米氏方程可说明的问题

酶促反应条件或情况	经米氏方程可推导出的结论或结果
当 v 达到 V_{max} 一半时的 [S]	[S] 即等于 K_m
当 $v=V_{max}$ 时	v 与 [S] 无关，只和 [E_t] 成正比，表示酶的活性中心已全部被底物饱和
当 $K_3 \ll K_2$ 时	$K_m=K_s$，此时 K_m 可作为 E 和 S 亲和力的一个重要量度
一种酶能催化几种底物时	可根据 K_m 值的大小，确定何者为该酶的天然底物或最适底物
当 K_m 已知时	可求得任何 [S] 下酶活性中已被 S 饱和的分子数
酶反应的初速率与底物浓度的关系曲线	为双曲线，双曲线的渐近线为 $v=V_{max}$ 和 [S]=-K_m

表 3-13　K_m 值和 V_{max} 的意义

K_m 值和 V_{max} 的意义	说明
K_m 值的物理意义是酶促反应速度为最大速度一半时的底物浓度	单位为 mol/L 或 mmol/L
K_m 是酶的特征性常数之一	K_m 一般只与酶的性质有关，而与酶的浓度无关；K_m 最小的底物称为该酶的最适底物或天然底物
$1/K_m$ 可以近似地表示底物亲和力的大小	K_m 值愈小，酶与底物的亲和力愈大
V_{max} 和 K_m 均为常数，故反应速度 v 与底物浓度 [S] 成正比	这是利用酶的催化作用测定底物浓度的条件
V_{max} 是酶完全被底物饱和时的反应速度	此时 V_{max} 与酶的浓度呈正比

影响酶促反应速度的因素

底物浓度酶浓度，环境温度酸碱度，抑制剂与激活剂，影响反应之速度。

表 3-14　影响酶促反应速度的因素

影响因素	特征	说明
底物浓度	符合米-曼方程 $v=(V_{max}[S])/(K_m+[S])$	呈矩形双曲线
酶浓度	v 与酶浓度呈正比	在底物浓度足够大的情况下
pH	有最适 pH，达到最大反应速度	不是酶的特征性常数

续表

影响因素	特征	说明
温度	有最适温度，达到最大反应速度	不是酶的特征性常数
抑制剂	引起酶催化活性下降但不引起酶蛋白变性的物质	分为不可逆性抑制与可逆性抑制
激活剂	无活性到有活性或使酶活性增加的物质	大多为金属离子

酶的抑制作用类型

抑制作用有两类，作用特点不相同。

表 3-15　两种抑制作用的比较

项目	不可逆性抑制	可逆性抑制
结合方式	共价键	非共价键
抑制剂的作用部位	活性中心上的必需基团	S、ES、E
能否通过透析或过滤去除	否	能
举例	有机磷农药丝氨酸上的羟基、重金属离子和 AS^{3+}（巯基）	磺胺类等

注释：E 指酶，S 指底物，ES 指酶-底物中间复合物。

一些药物或代谢物对酶的竞争性抑制

一些药物代谢物，竞争抑制某些酶。

表 3-16　一些药物或代谢物对酶的竞争性抑制

药物（抑制剂）	被抑制的酶	竞争底物	临床应用及机制
磺胺药	二氢叶酸合成酶（细菌）	苯甲酸	抗菌作用（抑制四氢叶酸合成）
甲氨蝶呤（MTX）	二氢叶酸还原酶	二氢叶酸	抗白血病（抑制四氢叶酸合成）
5-氟尿嘧啶（5-FU）	尿嘧啶核苷酸磷酸化酶 胸腺嘧啶核苷酸磷酸化酶	尿嘧啶 胸腺嘧啶	抗癌作用（抑制核苷酸合成）
5-氟尿嘧啶脱氧核苷（d-5FUMP*）	胸腺嘧啶核苷酸合成酶	尿嘧啶脱氧核苷酸（d-UMP）	抗癌作用（抑制 DNA 合成）
6-巯基嘌呤（6-MP）	次黄嘌呤-鸟嘌呤磷酸核糖转移酶	次黄嘌呤、鸟嘌呤	抗白血病（抑制核苷酸合成）
6-巯代次黄嘌呤核苷酸（thio IMP*）	次黄嘌呤核苷酸脱氢酶 腺苷酸代琥珀酸合成酶	次黄嘌呤核苷酸	抗白血病（抑制核苷酸合成）

续表

药物（抑制剂）	被抑制的酶	竞争底物	临床应用及机制
别嘌醇	黄嘌呤氧化酶	黄嘌呤、次黄嘌呤	抗痛风症 （抑制尿酸合成）
ε-氨基己酸	纤溶酶	-赖氨酰-赖氨酰-	止血、抗纤溶 （抑制纤溶酶）
苯丙胺	单胺氧化酶	肾上腺素	中枢兴奋
麻黄碱		去甲肾上腺素	抗哮喘

注释：d-5FUMP、thio IMP 分别是 5-FU 和 6-MP 在体内的代谢产物。

 竞争性抑制剂的作用特点

竞争性的抑制剂，作用特点共有七。

表 3-17　竞争性抑制剂的作用特点

特点	说明
结构特点	多与该酶作用的天然底物相似
与酶结合部位	与酶的活性中心结合，因此具有竞争作用
与酶结合方式	与酶可逆性、非共价（键）结合
影响抑制强弱的因素	抑制剂浓度、底物浓度，即酶活性受抑制强弱决定于底物浓度与抑制剂浓度之比
酶促反应动力学曲线变化	加入竞争性抑制剂后，其曲线从无抑制剂时的矩形双曲线向右下方移动
酶促反应最大速度的变化	加入竞争性抑制剂后，V_{max} 不变
酶与底物的亲和力变化	减小，酶的 K_m 增大

三种可逆性抑制作用的特点

三种可逆抑制剂，作用特点有差异。

表 3-18　三种可逆性抑制作用的特点

	竞争性抑制	非竞争性抑制	反竞争性抑制
抑制机制	抑制剂与底物结构类似，竞争酶的活性中心	抑制剂与酶活性中心外的必需基团结合，底物与抑制剂之间无竞争关系	抑制剂只与酶、底物复合物结合
抑制程度	取决于抑制剂与酶的相对亲和力及底物浓度	取决于抑制剂的浓度	取决于抑制剂的浓度及底物的浓度

续表

	竞争性抑制	非竞争性抑制	反竞争性抑制
与 I 结合的组分	E	E, ES	ES
动力学特点			
V_{max}	不变	降低	降低
表观 K_m	增大	不变	降低
双倒曲线			
横轴截距	增大	不变	减少
纵轴截距	不变	增大	增大
斜率	增大	增大	不变

测定酶活力时的注意事项

适宜温度酸碱度，选择底物应适宜，干扰因素应排除，测定指标应灵敏。

表 3-19　测定酶活力时的注意事项

注意事项	说明
注意环境温度	在提取、纯化及贮藏过程中应保持低温。在进行酶活力测定时应给予酶的最适温度，通常为 37℃，也可按国标统一规定的 25℃
注意 pH	进行酶活力测定时，其缓冲溶液的 pH 应是该酶的最适 pH
注意底物的选择	对特异性不强的酶要用酶的最适底物
排除干扰因素	严格控制与酶测定无关的各种激活或抑制因素干扰活力的测定
测定指标	一般以测定产物为好，产物从无到有，只要方法灵敏，就可以准确测定；测定酶活力时以测定初速度为宜，因反应速度只在最初一段时间内保持恒定，反应时间延长，酶反应速度逐渐下降

四、酶的调节

酶的调节方式

酶的调节有方式，分为快慢两类型，慢速调节酶含量，快速调节酶活性。

表 3-20　酶的调节方式

分类	调节方式	说明
酶活性的调节（快速性调节）	酶原的激活	有些酶以无活性的酶原形式存在，当被激活后才能发挥作用
	别构调节	别构酶活性中心以外的某些部位（别构部位）与别构效应剂结合后，该酶的活性可发生改变
	化学修饰调节	通过某些化学基团与酶的共价结合与分离，从而改变该酶的活性
酶含量的调节（慢速性调节）	影响酶蛋白的合成	酶蛋白的合成被阻遏，酶含量减少；诱导酶蛋白的合成，酶含量增加
	影响酶蛋白的降解	细胞内有溶酶体蛋白酶降解途径和非溶酶体蛋白酶降解途径。酶蛋白的降解速率受多种因素的影响

酶原的激活

酶原没有酶活性，激活才能起作用。

表 3-21　酶原与酶原激活的意义

意义	说明
保护作用	酶原没有活性，可避免细胞产生的酶对细胞自身进行消化
有利代谢有序进行	酶原被运送到特定部位并被激活，能保证体内代谢正常而有序地进行
贮存作用	有的酶可被视为酶的贮存形式，当需要时，酶原适时地被激活而发挥其催化作用

酶的共价修饰调节

酶的共价来修饰，活性高低两类型，去磷酸化磷酸化，逐级放大少耗能。

表 3-22　酶的共价修饰调节中磷酸化与去磷酸化的特点

特点	说明
被修饰的酶存在有（高）活性和无（低）活性两种形式	共价修饰的结果是由其中一种形式转变为另一种形式
有逐级放大效应	酶的磷酸化共价修饰可多级联合进行，因而呈逐级放大的瀑布效应
耗能少	磷酸化虽需耗能，但比合成酶蛋白所需的能量少得多，故磷酸化是酶活性调节"经济"又有效的方法

酶的别构调节与共价修饰调节的比较

别构调节与修饰，两者相异又相同。

表 3-23 酶的别构调节与共价修饰调节的比较

	别构调节	共价修饰调节
调节剂	代谢底物等生理小分子物质（别构调节剂）	激素，通过蛋白激酶共价修饰一些酶发挥作用
酶分子变化	调节剂经非共价键与酶调节亚基结合，引起酶蛋白构象与催化活性改变	在活化的蛋白激酶催化下，激酶蛋白共价修饰磷酸化与去磷酸化，结构功能改变
特点	不消耗 ATP，作用快，酶促反应动力学呈特征性"S"型曲线	消耗少量 ATP，作用快，更有放大的瀑布效应，是激素经酶调节代谢的高效、"经济"方式
意义	可防止代谢产物过多堆积而造成能量浪费等	可满足机体大多数代谢的调节
举例	己糖激酶	糖原磷酸化酶
共价键生成与断裂	无	有
活性改变是否需要其他酶参与	不需要	分别由不同的酶参与
级联放大效应	无	有
调节酶的构型改变	无构型改变	构型改变
相同点	① 有两种活性形式相互转变 ② 构象改变	

酶的"量变"和"质变"的比较

酶量调节速度慢，持续时长耗能高，酶的合成与水解，相对速率定活性。
酶质调节速度快，维持时短耗能低，酶的浓度很重要，最高活性能决定。

表 3-24 酶的"量变"和"质变"的比较

	量变	质变
调节速度	慢，几小时～几天	快，几秒～几分
能耗	高（通常涉及酶基因表达，因此需要消耗大量 ATP）	低（除非使用抑制蛋白，因为在解除抑制时，通常需要将抑制蛋白水解）
决定酶最高活性的主要因素	酶合成与水解的相对速率	已有的酶浓度
活性变化持续时间	长	短

注释：改变酶量的方式有两种，一种是通过同工酶（isozymes），另外一种是通过控制酶基因的表达和酶分子的降解。

五、酶的分类与命名

🌿 **酶的分类与命名**

酶可分为六大类，氧还转移及水解，裂合异构与连接。酶的命名有两种，系统名称和推荐，两种方法均常用。

表 3-25 酶的分类与命名举例

酶的分类	系统名称	编号	催化反应	推荐名称
氧化还原酶类	L-乳酸：NAD^+-氧化还原酶	EC1.1.1.27	L-乳酸 $+NAD^+ \rightleftharpoons$ 丙酮酸 $+NADH+H^+$	L-乳酸脱氢酶
转移酶类	L-丙氨酸：α-酮戊二酸氨基转移酶	EC2.6.1.2	L-丙氨酸 $+\alpha$-酮戊二酸 $\rightleftharpoons$ 丙酮酸 $+L$-谷氨酸	谷丙转氨酶
水解酶类	1,4-α-D-葡聚糖-聚糖水解酶	EC3.2.1.1	水解含有 3 个以上 1,4-α-D-葡糖基的多糖中 1,4-α-葡糖苷键	α-淀粉酶
裂合酶类	D-果糖-1,6 二磷酸 D-甘油醛-3-磷酸裂合酶	EC4.1.2.13	D-果糖-1,6-二磷酸 $\rightleftharpoons$ 磷酸二羟丙酮 $+$ D-甘油醛-3-磷酸	果糖二磷酸醛缩酶
异构酶类	D-甘油醛-3-磷酸醛-酮-异构酶	EC5.3.1.1	D-甘油醛-3-磷酸 $\rightleftharpoons$ 磷酸二羟丙酮	丙糖磷酸异构酶
连接酶类	L-谷氨酸：氨连接酶（生成 ADP）	EC6.3.1.2	$ATP+L$-谷氨酸 $+NH_3 \rightleftharpoons$ $ADP+Pi+L$-谷氨酰胺	谷氨酰胺连接酶

注释：国际生物化学学会 (IUB) 酶学委员会于 1961 年提出新的系统命名法。系统命名法根据酶所催化的整体反应，按酶的分类对酶命名。每个酶均有一个系统名称（systematic name），系统名称中包含参加反应的所有底物，底物之间以 "："分隔。每个酶都有一个名称和一个编号。编号由 4 个阿拉伯数字组成，前面冠以 EC (enzyme commission)。这 4 个数字中第 1 个数字是酶的分类号，第 2 个数字代表在此类中的亚类，第 3 个数字表示亚-亚类，第 4 个数字表示该酶在亚-亚类中的序号。

六、酶与医学的密切关系

🌿 **酶与医学**

酶在医学广应用，既能诊断又治病。

表 3-26 酶与医学的密切关系

酶与医学的关系	说明
酶与疾病的关系	
酶与一些疾病的发生有关	一些疾病的发生直接或间接与酶的异常或酶活性受抑制相关；同时一些疾病也可以引起酶的异常，从而加重病情
酶可用于一些疾病的诊断	某些疾病发生时，体液（主要指血液）中一些酶活性异常，可用于协助诊断这些疾病
酶与一些疾病的治疗有关	如竞争性抑制剂抑制关键酶，磺胺类药物抑制细菌二氢叶酸还原酶等
酶在医学上的应用	
酶作为试剂用于临床检验和科学研究	如酶法分析、酶标记测定法、工具酶（如核酶、内切酶）等
酶作为药物用于治病	如胃蛋白酶用于助消化等
酶的分子工程	利用各种方法对酶分子进行改造，如对酶分子的功能基因进行化学修饰，酶的固定化、抗体酶、模拟酶等，均有广阔开发前景

第四章 聚糖的结构与功能

一、糖蛋白

糖蛋白的种类

糖蛋白在机体内，多种来源及种类。

表 4-1 糖蛋白的种类

来源	种类
血型物质	ABO、MN 血型蛋白
血浆蛋白	免疫球蛋白、转铁蛋白、补体、凝血因子、载体蛋白
激素	绒毛膜促性腺激素、促卵泡激素、促黄体激素、促甲状腺激素
酶	糖基转移酶、淀粉酶、核糖核酸酶
其他	黏液蛋白、胶原蛋白、干扰素、纤连蛋白（FN）、层粘连蛋白（LN）、哺乳类凝集素、视紫红质等

糖蛋白的结构特征

八种单糖组糖链，连接蛋白 N 或 O，糖基位点有选择，N 连聚糖分三类。

表 4-2 糖蛋白糖链的结构特征

结构特征	说明
糖链中单糖的种类	8 种：葡萄糖、半乳糖、甘露糖、N- 乙酰半乳糖胺、N- 乙酰葡萄糖胺、岩藻糖、N- 乙酰神经氨酸、木糖
与蛋白的连接方式	N- 连接和 O- 连接（见表 4-3）
N- 连接糖蛋白的糖基化位点	Asn-X-Ser/Thr
N- 连接聚糖分型	高甘露糖型，复杂型，杂合型

表 4-3 糖蛋白糖链的结构

糖蛋白糖链	说明
N- 连接糖蛋白	寡糖中的 N- 乙酰葡萄糖胺与多肽链中天冬酰胺残基的酰胺氮连接，形成 N- 连接糖蛋白
O- 连接糖蛋白	寡糖中的 N- 乙酰半乳糖胺与多肽链中的丝氨酸或苏氨酸残基的羟基相连，形成 O- 连接糖蛋白
糖型	糖蛋白分子中聚糖结构的不均一性

糖蛋白的功能

糖蛋白中有聚糖，蛋白质可受影响，结构功能更多样，核酸蛋白难取代。

表 4-4　糖蛋白的功能

功能	糖蛋白
结构分子	胶原蛋白
润滑剂及保护性介质	黏蛋白
转运分子	转运蛋白、血浆铜蓝蛋白
免疫分子	免疫球蛋白、组织相容性抗原
激素	绒毛膜促性腺激素、促甲状腺激素（TSH）
酶	多种酶类，如碱性磷酸酶
细胞附着 - 识别位点	参与细胞 - 细胞（如精子 - 卵细胞）、病毒 - 细胞、细菌 - 细胞及激素 - 细胞间相互作用的蛋白质
抗冻蛋白	冷水鱼类的一些血浆蛋白质
与特异性糖类物质相互作用	凝集素、选择蛋白（选择性的细胞黏着分子）、抗体

注释：糖蛋白中的寡糖链不但可以影响蛋白质部分的构象、聚合、溶解和降解，还参与糖蛋白的识别和结合。这些作用是蛋白质和核酸不能取代的。

表 4-5　糖蛋白分子中聚糖的功能

功能	说明
可影响糖蛋白生物活性	① 保护糖蛋白肽链，免受蛋白酶水解 ② 覆盖于蛋白质表面，避免蛋白质中抗原决定簇被免疫系统识别而产生抗体 ③ 可使糖蛋白活性增高或降低
蛋白聚糖加工可参与新生肽链折叠	有的 N- 连接聚糖参与新生肽链的折叠并维持蛋白质正确的空间构象，糖蛋白的糖基化与肽链的折叠及分拣密切相关
参与维系亚基聚合	糖蛋白聚糖参与某些蛋白质亚基的聚合
参与某些蛋白质在细胞内的分拣投送和分泌	糖蛋白聚糖的合成受阻，蛋白质在细胞内的分拣投送和分泌受影响
参与分子间的识别	糖蛋白聚糖具有分子间的识别作用

糖蛋白与医学的关系

糖蛋白，有意义，医学关系很紧密。

表 4-6　糖蛋白与医学的关系

糖蛋白与医学的关系	说明
糖蛋白与血型	人血液中已鉴定出 14 种以上不同的血型（如 ABO 血型等），其抗原决定簇通常与血细胞膜上的聚糖链相关
糖蛋白与主要组织相容性抗原	主要组织相容性复合体（MHC）抗原是分布在各种组织细胞表面的一类糖蛋白，包括 MHC Ⅰ 类分子和 MHC Ⅱ 类分子
糖蛋白与细胞分化	细胞表面的糖蛋白在细胞分化发育过程中发生变化
糖蛋白与结构细胞归巢	淋巴细胞归巢是指游离淋巴细胞定向迁移的过程。归巢的基本机制在于归巢受体与地址素之间的特异性识别和黏附。许多归巢受体均为糖蛋白
糖蛋白与恶性肿瘤	恶性肿瘤细胞糖蛋白的聚糖链结构可发生改变，对之进行检测分析，可用于诊断恶性肿瘤
糖蛋白与自身免疫性疾病	一些自身免疫性疾病往往与免疫球蛋白糖链结构的改变有关
糖蛋白与感染	许多致病微生物对人体细胞的侵袭往往是通过作用于细胞膜上的糖复合物受体而起作用
糖蛋白与药物治疗	某些跨膜糖蛋白可影响化学药物的吸收，分布及移除

二、蛋白聚糖

蛋白聚糖与糖蛋白的比较

聚糖蛋白共组成，两者比例有轻重。

表 4-7　蛋白聚糖与糖蛋白的比较

	蛋白聚糖	糖蛋白
糖链		
含量	较蛋白质部分多	一般少于蛋白质部分，或仅有极少量（＞1%），但少数可较多
组成	主要为糖醛酸及 N- 乙酰氨基己糖	不含糖醛酸，常含 N- 乙酰氨基己糖、甘露糖、半乳糖，末端为唾液酸及岩藻酸
糖基排列	二糖单位连成单分子长链	大多为分支寡糖链，有时仅为二糖或三糖链
与肽链连接方式	一般以 O- 糖苷链连接，有时可游离存在	O- 糖苷链或 N- 糖苷链连接
分布	主要在细胞外，各种结缔组织基质中	分布广泛，细胞内、外皆有
生理功能	维持各种结缔组织功能为主	广泛，许多黏液蛋白、血浆蛋白及膜蛋白等结构蛋白皆属糖蛋白

注释：相同点为两者均由通过共价键相连的蛋白质和聚糖两部分组成。

糖胺聚糖

己糖醛酸己糖胺，二糖单位重复成。重要聚糖有六种，相互连接不分支。

多肽链上加糖基，糖胺聚糖即合成。

表4-8 糖胺聚糖的主要特征

糖胺聚糖	糖	硫酸	蛋白连接	组织定位
透明质酸（HA）	GlcNAc GlcUA	无	无确切证据	关节滑液、玻璃体、疏松结缔组织
硫酸软骨素（CS）	GlcNAc GlcUA	GalNAc	Xyl-Ser，通过连接蛋白与肝素结合	软骨、骨、角膜
硫酸角质素（KS I）	GleNAc、Gal	GlcNAc	GlcNAc-Asn	角膜
硫酸角质素（KS II）	GleNAc、Gal	同 KS I	GalNAc-Thr	疏松结缔组织
肝素	GlcN、IdUA	GlcN GlcN IdUA	Ser	肥大细胞
硫酸乙酰肝素（HS）	GlcN、GlcUA	GlcN	Xyl-Ser	皮肤成纤维细胞、主动脉壁细胞
硫酸皮肤素（DS）	GlcNAc、IdUA GlcUA	GalNAC IdCA	Xyl-Ser	分布广泛

注释：硫酸附在糖基的多个位置。糖胺聚糖由二糖单位（含己糖醛酸和己糖胺）重复连接而成，不分支。重要的糖胺聚糖有6种。

糖胺聚糖和蛋白聚糖的功能

构成细胞间基质，各种聚糖功能异。

表4-9 部分糖胺聚糖和（或）蛋白聚糖的功能

功能
① 作为细胞外基质的结构成分
② 与胶原、弹性蛋白、纤维蛋白、层粘连蛋白以及其他蛋白（如生长因子类）特异相互作用
③ 作为聚阴离子，可以结合聚阳离子和阳离子
④ 保持多种组织的溶胀性（吸水性），形成凝胶，防止细菌侵入
⑤ 作为细胞外基质的分子筛
⑥ 易化细胞迁移（HA），在神经发育、细胞识别分化中起重要作用
⑦ 保持软骨素的柔韧性和负重能力（HA、CS），维持软骨的机械性能
⑧ 保持角膜的透明性（KS I 和 DS）

续表

功能
⑨ 维持巩膜的结构
⑩ 抗凝血剂（肝素）
⑪ 细胞质膜成分，作为受体参与细胞黏附和细胞间相互作用（如 HS）
⑫ 控制肾小球的滤过选择性（HS）
⑬ 细胞有丝分裂中染色体联会丝的组成成分和细胞管道系统组成成分（HS）
⑭ 丝甘蛋白聚糖可与蛋白酶、羧肽酶等相互作用，参与其储存和释放
⑮ 使细胞锚定于基质，结合多种蛋白生长因子，调节细胞生长、分化

蛋白聚糖与医学的关系

多种疾病之发生，蛋白聚糖有关系。

表 4-10 蛋白聚糖与医学的关系

蛋白聚糖与医学的关系	说明
蛋白聚糖与恶性肿瘤	恶性肿瘤组织中蛋白聚糖的结构、含量、种类的改变，与肿瘤细胞的增殖与转移有关；多糖恶性肿瘤细胞还能合成多能蛋白聚糖，并分泌到细胞外基质中
蛋白聚糖与动脉粥样硬化	动脉血管平滑肌细胞可合成多种蛋白聚糖，可促进动脉粥样硬化的发生和形成；血管内皮细胞合成某些蛋白聚糖有抗动脉粥样硬化的作用
蛋白聚糖与骨关节炎	蛋白聚糖丢失是关节软骨组织中最早发生的事件之一
蛋白聚糖与黏多糖病	该病是由于糖胺聚糖分解代谢酶缺陷引起糖胺聚糖不能完全降解的溶酶体贮积病
蛋白聚糖与感染	一些致病微生物往往通过与细胞膜上的某些蛋白聚糖相互作用而侵入细胞内引起感染

三、糖脂

糖脂的分类与功能

糖脂可分三类型，参与胞膜之组成。

表 4-11   糖脂的组成与生理作用

组成	生理作用
鞘糖脂	细胞膜脂的主要成分 ① 其中的脑苷脂发挥血型抗原、组织或器官特异性抗原及分子与分子相互识别的作用 ② 其中的硫苷脂可能参与血液凝固和细胞黏着等过程 ③ 其中的神经节苷脂在神经冲动的传导中起重要作用，参与细胞相互识别，在细胞生长、分化，甚至癌变时具有重要作用
甘油糖脂	细胞膜的主要成分，参与构成髓磷脂，形成神经轴突的髓鞘，起到保护和绝缘作用
类固醇衍生糖脂	

第五章　维生素与无机物

一、维生素

维生素的共同特点

来自食物自难造，不构组织不供能，量少生物活性高，可患相应缺乏病。

表 5-1　维生素的共同特点

特点	说明
存在于天然食物中	维生素都以其本体的形式或可被机体利用的前体形式存在于天然食物中
不能在体内合成	大多数维生素不能在体内合成，也不能大量贮存组织中，故必须经常由食物供给
食物是供给维生素的主要途径	肠道细菌虽然能合成少量维生素 K、维生素 B_6，但也不能替代从食物获得这些维生素的主要途径
不构成组织细胞的原料	
不提供能量	
生物活性高	虽然每日生理需要量很少，但维生素在调节机体生理活动的作用中很重要，常以辅酶或辅基的形式参与酶的功能
有的维生素具有几种结构相近、生物活性相同的化合物	如维生素 A_1 与维生素 A_2，维生素 D_2 和维生素 D_3，维生素 B_6 有吡哆醛、吡哆醇、吡哆胺等化学结构
机体缺乏某种维生素时可产生相应的维生素缺乏病	有些维生素缺乏病的症状很典型，有些维生素缺乏时症状不明显或无特异性症状

维生素的命名

维生素用字母名，化构功能亦通用。

表 5-2　维生素命名

以字母命名	以化学结构或功能命名	英文名称
维生素 A	视黄醇，抗干眼病维生素	vitamin A , retinol
维生素 D	钙化醇，抗佝偻病维生素	vitamin D, calciferol
维生素 E	生育酚	vitamin E, tocopherol

续表

以字母命名	以化学结构或功能命名	英文名称
维生素 K	叶绿醌，凝血维生素	vitamin K, phylloquinone
维生素 B_1	硫胺素，抗脚气病维生素	vitamin B_1, thiamine
维生素 B_2	核黄素	vitamin B_2, riboflavin
维生素 B_3	泛酸	vitamin B_3, pantothenic acid
维生素 PP	烟酸、烟酰胺、抗癞皮病维生素	nicotinic acid, nicotinamide
维生素 B_6	吡哆醇、吡哆醛、吡哆胺	pyridoxine, pyridoxal, pyridoxamine
维生素 M	叶酸	folic acid
维生素 H	生物素	biotin
维生素 B_{12}	钴胺素，氰钴胺素，抗恶性贫血病维生素	cobalamin
维生素 C	L-抗坏血酸，抗坏血病维生素	ascorbic acid

维生素的分类

维生素分两类型，脂溶性与水溶性。

表 5-3 脂溶性维生素与水溶性维生素特点的比较

	脂溶性维生素	水溶性维生素
化学组成	仅含碳、氢、氧	除含碳、氢、氧外，有的尚含有氮、钴或硫
溶解性	溶于脂肪及脂溶剂	溶于水
吸收和排泄	随脂肪经淋巴系统吸收，从胆汁少量排出	经血液吸收过量时，很快从尿中排出
积存性	摄入后，大部分积存在体内	一般在体内无非功能性的单纯积存
缺乏时症状出现速度	缓慢	较快
营养状况评价及毒性	不能用尿液进行分析评价，大量摄入（6～10倍 RNI）易引起中毒	大多数可以通过血和（或）尿液进行评价，几乎无毒性，除非极大量

注释：RNI 指推荐摄入量。

维生素缺乏的原因

维生素的缺乏症，摄少需多是主因。

表 5-4　维生素缺乏的原因

原因分类	举例
摄入量不足	食物构成及膳食调配不合理或严重偏食，导致某些维生素供给不足；对食物的储存、加工及烹调方法不当，使维生素大量丢失或破坏
吸收障碍	长期腹泻、消化道梗阻或有瘘管及胆道疾病，对脂质消化吸收障碍者可严重影响脂溶性维生素的吸收
需要量增加	生长发育期的儿童、孕妇、乳母、重体力劳动者或传染病患者每日所需维生素量明显增加
食物以外的维生素供给不足	长期服用抗生素使肠道正常菌群生长受抑制，可使维生素 K、B_6、PP 及叶酸合成减少；日光照射不足可使皮肤内维生素 D_3 生成不足，引起小儿佝偻病和成人骨质疏松症

脂溶性维生素

脂溶性的维生素，ADEK 四类型；维 A 参构视紫质，缺乏可患夜盲症；维 D 促进钙吸收，缺乏骨质易疏松；维 E 又称生育酚，能抗氧化调基因；凝血因子肝制造，缺乏维 K 可不行。

表 5-5　脂溶性维生素

维生素	活性形式	食物来源	日需要量	主要功能	缺乏症与中毒
维生素 A（类视黄素）	视黄醇、视黄醛、视黄酸	肝、蛋黄、牛奶、绿叶蔬菜、胡萝卜、鱼肝油、玉米等	80μg（2600IU）	①构成视紫红质②维持上皮组织结构的完整，增强免疫力③促进生长发育④抗氧化作用	缺乏症：夜盲症、干眼症、皮肤干燥、毛囊丘疹中毒：神经、肝与皮肤损伤，高脂血症与高钙血症，骨与软组织钙化
维生素 D（钙化醇）	1,25-$(OH)_2D_3$	肝、蛋黄、牛奶、鱼肝油	5～10μg（200～400IU）	①调节钙磷代谢：促进小肠钙、磷吸收，促进肾小管钙、磷重吸收②促进骨盐代谢与骨的正常生长③组织细胞分化、免疫调节等	缺乏症：佝偻病（儿童）、软骨病（成人）中毒：高钙血症、高血压、软组织钙化

续表

维生素	活性形式	食物来源	日需要量	主要功能	缺乏症与中毒
维生素E（生育酚）	生育酚	植物油	8～10mg	①抗氧化作用，保护生物膜 ②维持生殖功能 ③促血红素生成 ④对基因的调节作用	人类未发现缺乏症，临床用于治疗习惯性流产
维生素K（凝血维生素）	甲基1,4-萘醌	肝、绿色蔬菜	60～80μg	①促进肝合成凝血因子Ⅱ、Ⅶ、Ⅸ、Ⅹ，抗凝血因子蛋白C、蛋白S ②维持骨盐含量，减少动脉钙化	缺乏症：皮下出血，肌肉及胃肠道出血

水溶性维生素

水溶性的维生素，包括维C和B族。

表5-6 水溶性维生素

维生素	活性形式	食物来源	日需要量	主要功能	缺乏症与中毒
维生素B_1（硫胺素）	TPP	酵母、豆类、瘦肉、谷类外壳、皮及胚芽	1.2～1.5mg	①α-酮酸氧化脱羧酶的辅酶 ②抑制胆碱酯酶活性 ③转酮基反应	缺乏症：脚气病、末梢神经炎
维生素B_2（核黄素）	FMN，FAD	肝、蛋黄、牛奶、绿叶蔬菜	1.2～1.5mg	构成黄素酶的辅酶，参与生物氧化体系	缺乏症：口角炎、舌炎、唇炎、阴囊炎
维生素PP（烟酸、烟酰胺）	NAD^+ $NADP^+$	肉、酵母、谷类、花生、胚芽、肝	15～20mg	构成脱氢酶的辅酶，参与生物氧化体系	缺乏症：糙皮病 中毒：血管扩张、脸颊潮红、痤疮及胃肠不适、肝损伤
维生素B_6（吡哆醇、吡哆醛、吡哆胺）	磷酸吡哆醛 磷酸吡哆胺	谷类胚芽、肝	2mg	①氨基酸脱羧酶和转氨酶的辅酶，②ALA合酶的辅酶，③同型半胱氨酸分解代谢酶的辅酶，④对类固醇激素发挥调节作用	缺乏症：高同型半胱氨酸血症（与动脉硬化、血栓形成和高血压相关） 中毒：周围感觉神经病

续表

维生素	活性形式	食物来源	日需要量	主要功能	缺乏症与中毒
泛酸 （遍多酸）	CoA，ACP	动、植物组织		构成辅酶A的成分，参与体内酰基的转移，构成ACP的成分，参与脂肪酸合成	人类未发现缺乏症
生物素	生物素辅基	动、植物组织		构成羧化酶的辅基，参与CO_2固定；参与细胞信号转导和基因表达，影响细胞周期、转录和DNA损伤的修复	人类未发现缺乏症
叶酸	四氢叶酸	肝、酵母、绿叶蔬菜	$200 \sim 400\mu g$	参与一碳单位的转移，与蛋白质、核酸合成及红细胞、白细胞成熟有关	缺乏症：巨幼细胞贫血、高同型半胱氨酸血症（与动脉硬化、血栓形成及高血压相关）和DNA低甲基化（与癌症相关）
维生素B_{12}	甲钴胺素、5'-脱氧腺苷钴胺素	肝、肉、鱼、牛奶	$2 \sim 3\mu g$	促进甲基转移，促进DNA合成，促进红细胞成熟，琥珀酰CoA的生成	缺乏症：巨幼细胞贫血、高同型半胱氨酸血症、神经脱髓鞘
维生素C （抗坏血酸）	抗坏血酸	新鲜水果、蔬菜，特别是番茄和柑橘	60mg	参与体内羟化反应，参与抗氧化作用，增强免疫力，促进铁吸收	缺乏症：坏血病

注释：ACP为酰基载体蛋白。

B 族维生素作为辅酶的功能

一些 B 族维生素，常在酶中当助手。

表 5-7　B 族维生素及辅酶形式

B 族维生素	酶	辅酶形式	辅因子的作用
硫胺素（B_1）	α-酮酸脱羧酶	焦磷酸硫胺素（TPP）	α-酮酸氧化脱羧，酮基转移作用
硫辛酸	α-酮酸脱氢酶系	二硫辛酸（L$\overset{\textstyle S}{\underset{\textstyle S}{\mid}}$）	α-酮酸氧化脱羧
泛酸	乙酰化酶等	辅酶 A（CoA）	转移酰基

续表

B 族维生素	酶	辅酶形式	辅因子的作用
核黄素（B_2）	各种黄酶	黄素单核苷酸（FMN） 黄素腺嘌呤二核苷酸（FAD）	传递氢原子
烟酰胺（PP）	多种脱氢酶	烟酰胺腺嘌呤二核苷酸（NAD^+） 烟酰胺腺嘌呤二核苷酸磷酸（$NADP^+$）	传递氢原子
生物素 [H]	羧化酶	生物素	传递 CO_2
叶酸	甲基转移酶	四氢叶酸（FH_4）	一碳基团转移
钴胺素（B_{12}）	甲基转移酶	5'-甲基钴胺素，5'-脱氧腺苷钴胺素	甲基转移
吡哆醛（B_6）	转氨酶	磷酸吡哆醛	转氨、脱羧、消旋反应

与凝血、出血或贫血有关的维生素

BCK 等维生素，血液功能有帮助。

表 5-8　与凝血、出血或贫血有关的维生素

维生素名称	相关作用	缺乏时可能引起的症状
维生素 K	肝合成凝血因子 Ⅱ、Ⅶ、Ⅸ、Ⅹ 所需酶的辅酶	凝血时间延长，容易出血
维生素 E	能促进红细胞中血红素的生物合成	贫血（红细胞数量减少、寿命缩短、脆性增加）
维生素 B_6	红细胞合成血红素关键酶（ALA 合酶）的辅酶	低色素小细胞性贫血和血清铁增高
维生素 B_{12}	甲基转移酶的辅酶，参与叶酸的再生，影响嘌呤及嘧啶的合成，进而影响核酸的合成	巨幼细胞贫血
叶酸	一碳单位转移酶的辅酶，参与嘌呤、嘧啶的合成，进而影响核酸的合成	巨幼细胞贫血
维生素 C	使高铁血红蛋白还原为亚铁血红蛋白，使食物及体内的 Fe^{3+} 还原为 Fe^{2+}，促进铁的吸收及利用	坏血病（皮下出血、肌肉脆弱等）

二、无机物

人体必需常量元素的功能

必需常量之元素，通常包括十一种。构成机体之组分，功能活动亦参与。

表 5-9　人体必需常量元素的功能

元素	符号	主要功能
碳	C	有机化合物的组成成分
氢	H	水、有机化合物的组成成分
氧	O	水、有机化合物的组成成分
氮	N	蛋白质、核酸等有机化合物的组成成分
钠	Na	细胞外液中的主要阳离子（Na^+），维持细胞内外渗透压
镁	Mg	骨骼的组成成分，酶的激动剂
磷	P	核酸、部分蛋白质的组成成分，为生物合成与能量代谢所必需
硫	S	蛋白质的组成成分，组成铁硫蛋白；部分多糖的组成成分
氯	Cl	细胞外液中的主要阴离子（Cl^-）
钾	K	细胞内液中的主要阳离子（K^+），维持细胞内外渗透压
钙	Ca	骨骼、牙齿的主要成分，调节神经冲动的传递和肌肉收缩等活动

无机盐的主要生理功能

组建机体原材料，参与生物电活动，维持内环境稳态，构成多种活性物。

表 5-10　无机盐的生理功能

生理功能	说明
构成机体组织	无机盐是构成机体组织的主要成分，例如钙、磷、镁是骨和牙齿的主要成分
参与维持内环境稳定	参与机体的酸碱平衡、水平衡、渗透压平衡和电解质平衡，以保证机体生命活动正常进行
参与生物电活动	参与神经、骨骼肌、心肌的生物电活动，维持其正常的兴奋性
构成特殊生理功能的物质	如血红蛋白中的铁、甲状腺激素中的碘、谷胱甘肽过氧化物酶中的硒等
构成多种酶系统的组成成分、辅助因子或激动剂	例如盐酸能激活胃蛋白酶原，镁离子是多种酶的激动剂等

人体必需的微量元素

必需微量之元素，通常包括十四种。各自功能不相同，长期缺乏可不行。

表 5-11 人体必需微量元素的主要生理功能

	主要生理功能	备注
氟	在形成骨骼组织、牙齿釉质以及钙、磷代谢等方面有重要作用。缺乏时可致龋齿，老年人易致骨质疏松	人体约含 2.6g，每日需要量 2～3mg，饮水含氟以 0.5～1mg/L 为宜
碘	合成甲状腺激素的原料，缺乏时可引起甲状腺肿，严重缺乏时可影响生长发育，妨碍儿童身体和智力的发育	每日需要量 0.1～0.3mg
硅	参与多糖的代谢，与结缔组织的弹性及结构有关。水中含硅量低的地区，人群中冠心病死亡率较高	每日需要量 3mg
硒	以硒半胱氨酸形式参与多种重要硒蛋白的组成，缺乏时可能导致心脏、关节等处产生病变，引起克山病、大骨节病等。土壤含硒量低的地区，癌症的总死亡率增高，增加硒的摄入，可减少癌的发生。高硒地区冠心病、高血压等的发病率均比低硒地区低。硒还能增强视力，刺激免疫球蛋白和抗体的产生	成人每日需要量应为 0.05～0.25mg，每日最大摄入量为 0.4mg
铁	体内含量最多的微量元素，为血红蛋白中氧的携带者，也是多种酶的活性成分。缺乏时引起贫血	人体含 4～5g，每日需要量 15～20mg
铜	各种金属酶的成分，是氧化还原体系的有效催化剂，参与造血过程，缺乏时可引起低色素小细胞性贫血。还参与细胞色素 C、酪氨酸酶等的合成，缺乏时可使血管、骨骼及各种组织的脆性增加	人体约含 0.15g，每日需要量 1～2mg
钴	组成维生素 B_{12} 分子的成分，对血红蛋白的合成、红细胞的发育成熟等均有重要作用	人体约含 1.1mg，每日需要量 0.3～0.5mg
锌	参与体内许多酶的合成，性腺、胰腺、脑垂体的活动都有锌的参与。锌具有促进生长发育、改善味觉等作用，缺乏时导致生长停滞、生殖无能、伤口不易愈合、机体衰弱，可有结膜炎、口腔炎、舌炎、食欲不振、慢性腹泻、味觉丧失、神经症状等。锌对儿童的生长发育关系重大。缺锌患儿可出现体瘦、发育迟缓、智力低下等	人体约含 2g，一般人每日需要量 10～15mg，妊娠期为 25mg，哺乳期为 30～40mg
锰	精氨酸酶、RNA 多聚酶、超氧化物歧化酶等的组成成分，并能激活羧化酶等，缺乏时导致胰腺发育不全，胰岛素减少，儿童出现贫血、骨骼病变，孕妇出现死胎、畸形、惊厥等。长寿地区人头发中锰含量高于非长寿区	每日需要量 4～10mg
钼	黄嘌呤氧化酶等的成分，缺乏时可引起肾结石。土壤中钼含量高时能引起严重腹泻。钼还有防龋作用	每日需要量 0.1～0.4mg
铬	三价铬与胰岛素的活性有关，缺乏时胰岛素活性降低，血脂含量增加，可出现动脉粥样病变。六价铬有毒，可干扰许多重要酶的活性，损伤肝、肾，诱发肝癌等	人体约含 6mg，每日需要量 0.15～0.25mg

续表

主要生理功能	备注
镍 促进红细胞的再生，能激活一些酶	人体约含 10mg，每日需要量 0.5 ~ 0.8mg
锡 促进蛋白质及核酸反应，补充锡可加速动物的生长	人体约含 17mg，每日需要量 3 ~ 8mg
钒 促进造血功能，给动物补钒盐后，可见其血红蛋白含量下降。还能抑制胆固醇的合成，增强心肌收缩力	每日需要量 0.11 ~ 0.12mg

人体内钙、磷分布状况

主要分布骨和牙，胞内较多胞外少。

表 5-12 人体内钙、磷分布状况

部位	钙		磷	
	含量（g）	占总钙量的比例（%）	含量（g）	占总钙量的比例（%）
骨和牙	1200	99.3	600	85.7
细胞内液	7	0.6	100	14.0
细胞外液	1	0.1	6.2	0.3

钙的生理功能

钙的生理功能多，归纳起来有六个。

表 5-13 钙的生理功能

生理功能	说明
机体构成成分	钙是构成骨骼和牙齿的主要成分
调节细胞功能的信使	Ca^{2+} 参与细胞的运动、分泌、代谢和分化等活动的调控（第二信使）
参与血液凝固	Ca^{2+} 是凝血因子 IV，参与血液凝固的多个步骤
调节酶的活性	Ca^{2+} 是多种酶的激动剂或调节剂
维持神经肌肉的正常兴奋性	Ca^{2+} 能调控细胞膜对 Na^+ 的通透性，影响 Na^+ 的内流和动作电位的产生。血钙过低时，神经肌肉的兴奋性将会升高
降低毛细血管壁的通透性	Ca^{2+} 能防止毛细血管内物质渗出，控制炎症和水肿的发生

磷的生理功能

磷的生理功能多，归纳起来有五个。

表 5-14   磷的生理功能

生理功能	说明
机体构成成分	磷是牙齿和骨骼的基本矿物质成分
构成重要生命物质	磷参与核酸、磷脂、磷蛋白等物质的构成，还参与质膜和重要功能蛋白质的组成
参与能量代谢的核心反应	$ATP \rightleftharpoons ADP+Pi$，ATP 是一切生命活动的能量源泉
调控生物大分子的活性	磷参与调控蛋白质、核酸和酶的活性
参与多种重要的生命活动	磷参与血液凝固、酸碱平衡，调节血红蛋白与氧的亲和力等

甲状旁腺激素与降钙素

甲旁溶骨升血钙，肠肾吸钙把磷排。降钙素则相对抗，促进成骨降血钙。

维生素 D_3

作用小肠以及肾，促进吸收磷和钙，调节成骨与溶骨，升高血磷和血钙。

表 5-15   甲状旁腺激素、维生素 D_3 和降钙素对钙、磷代谢的影响

项目	甲状旁腺激素	维生素 D_3	降钙素
来源	甲状旁腺分泌	主要由皮肤中的 7- 脱氢胆固醇转化而来	甲状腺 C 细胞分泌
化学本质	84 肽	胆固醇衍生物	32 肽
对钙、磷代谢的影响			
骨：溶骨作用	↑↑	↑（大剂量）	↓
成骨作用	↓	↑（生理量）	↑
肾：重吸收钙	↑（间接作用）	↑	↓（生理剂量）
重吸收磷	↓	↑	↓
血钙	↑	↑	↓
血磷	↓	↑	↓
总效应	升钙、降磷	升钙、升磷	降钙、降磷

影响钙、磷代谢的其他激素

钙磷代谢之调控，其他激素有作用。

表 5-16　影响钙、磷代谢的其他激素

激素	对钙、磷代谢的作用
生长激素	在生长期促进钙的利用，促进钙、磷的正平衡
雄激素	促进钙、磷在骨质的沉着
雌激素	促进钙、磷在骨质的沉着。在青春期特异地作用于骺端软骨，使骨骺端关闭而停止骨的生长
甲状腺激素	使成骨作用和骨吸收均加强，但骨吸收占优势，从而引起高血钙和尿钙增多
糖皮质激素	抑制骨吸收，抑制肠中钙吸收，减少肾小管对钙、磷的重吸收，可用于治疗高血钙

第六章　糖　代　谢

一、糖的消化、吸收与转运

糖的分类

糖类物质分四类，单寡多糖结合糖。

表 6-1　糖的分类

分类	定义	举例
单糖	不能再水解的糖	葡萄糖（己醛糖）、果糖（己酮糖）、半乳糖（己醛糖）、核糖（戊醛糖）
寡糖	能水解生成几分子单糖的糖，各单糖之间借脱水缩合的糖苷键相连	麦芽糖（葡萄糖 - 葡萄糖）、蔗糖（葡萄糖 - 果糖）、乳糖（葡萄糖 - 半乳糖）
多糖	能水解生成多个分子单糖的糖	淀粉（植物中养分的储存形式）、糖原（动物体内葡萄糖的储存形式）、纤维素（植物的骨架）
结合糖	糖与非糖物质的结合物	糖脂、糖蛋白

注释：葡萄糖是在小肠中吸收速率最高的单糖。

糖的生理功能

糖的功能有多种：糖是经济供能物，组织细胞之组分，供能节省蛋白质，调节脂肪之代谢，保护肝脏免受损，机体主要之碳源，转成生物活性物。

表 6-2　糖的生理功能

生理功能	说明
供给能量	糖是最主要、经济、快速的能源物质，机体所需能量主要由糖氧化提供，大脑主要依靠糖氧化供能
细胞组成成分	①糖脂：构成神经组织和生物膜的成分 ②氨基多糖及糖蛋白：构成结缔组织的基本成分 ③核糖和脱氧核糖：分别是 RNA 和 DNA 的组分 ④糖蛋白：细胞膜成分，球蛋白（抗体）主要由糖蛋白构成，某些激素、酶和凝血因子也是糖蛋白
调节脂肪代谢	糖有抗生酮作用，维持脂肪正常代谢

生理功能	说明
节省蛋白质	糖供应充足时，机体首先利用糖供能，故对蛋白质有保护作用；糖还能促进蛋白质的吸收
保护肝	糖可增加肝糖原储备，保护肝免受有毒物质（如乙醇、毒素、细菌等）的损害
机体重要的碳源	糖代谢的中间产物可转变成其他含碳化合物
转变为生物活性物质	糖的磷酸衍生物可形成许多重要的生物活性物质

糖的消化、吸收与合成

淀粉多糖化单糖，消化吸收在小肠，葡糖缩合成糖原，贮存肌肝细胞浆。

表 6-3 肠腔中糖类的消化

酶	酶的来源	作用物	产物
淀粉酶	胰腺	淀粉、糖原	葡萄糖、麦芽糖、麦芽三糖、α-极限糊精
α-糊精酶	小肠上皮细胞刷状缘	α-极限糊精	葡萄糖
糖淀粉酶		麦芽三糖、麦芽糖	
麦芽糖酶		麦芽糖	
蔗糖酶		蔗糖	葡萄糖、果糖
乳糖酶		乳糖	葡萄糖、半乳糖

注释：由于人体内无 β-糖苷酶，食物中含有的纤维素无法被人体分解利用，但是其具有刺激肠蠕动等作用。

二、糖的无氧氧化

糖的无氧酵解

无氧酵解葡萄糖，最终产物是乳酸，净产两个 ATP。若为三个酵糖原，供能剧动缺氧时，呼吸循环功不全。

表 6-4 糖酵解途径反应

步骤	反应	酶	反应类型
1	葡萄糖 +ATP → 葡糖 -6- 磷酸 +ADP	己糖激酶	磷酸化反应
2	葡糖 -6- 磷酸 ⇌ 果糖 -6- 磷酸	磷酸己糖异构酶	异构反应
3	果糖 -6- 磷酸 +ATP → 果糖 -1,6- 二磷酸 +ADP	磷酸果糖激酶 -1	磷酸化反应

续表

步骤	反应	酶	反应类型
4	果糖 -1,6- 二磷酸 ⇌ 磷酸二羟丙酮 +3- 磷酸甘油醛	醛缩酶	裂解反应
5	磷酸二羟丙酮 ⇌ 3- 磷酸甘油醛	磷酸丙糖异构酶	异构反应
6	3- 磷酸甘油醛 +NAD$^+$+Pi ⇌ 1,3- 二磷酸甘油酸 +NADH+H$^+$	3- 磷酸甘油醛脱氢酶	氧化反应
7	1,3- 二磷酸甘油酸 +ADP ⇌ 3- 磷酸甘油酸 +ATP	磷酸甘油酸激酶	底物水平磷酸化反应
8	3- 磷酸甘油酸 ⇌ 2- 磷酸甘油酸	磷酸甘油酸变位酶	异构反应
9	2- 磷酸甘油酸 ⇌ 磷酸烯醇式丙酮酸 +H$_2$O	烯醇化酶	脱水反应
10	磷酸烯醇式丙酮酸 +ADP → 丙酮酸 +ATP	丙酮酸激酶	底物水平磷酸化反应

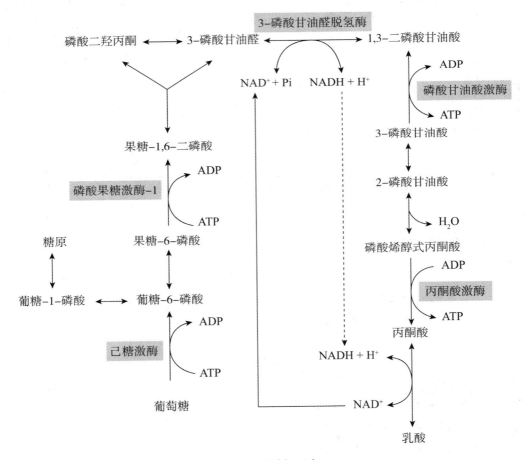

图 6-1 糖酵解反应

糖酵解的特点

反应部位在胞质，不需耗氧可产能，产生少量ATP，三步反应不可逆。

丙酮酸有两去路：无氧还原为乳酸，有氧进入线粒体，继续氧化更彻底。

表 6-5　糖酵解的特点

① 反应部位在胞质
② 是一个不需耗氧的产能过程
③ 反应过程中有三步不可逆反应
④ 1分子葡萄糖无氧酵解可净生成2分子ATP，糖原中的葡萄糖单位进行糖酵解可净生成3分子ATP
⑤ 丙酮酸的去路：无氧条件下还原为乳酸，有氧条件下进入线粒体进行有氧氧化

表 6-6　糖酵解途径中的不可逆反应

反应步骤	催化的酶
葡萄糖→葡糖 -6- 磷酸	己糖激酶
果糖 -6- 磷酸→果糖 -1,6- 二磷酸	磷酸果糖激酶 -1
磷酸烯醇式丙酮酸→丙酮酸	丙酮酸激酶

表 6-7　糖酵解中 ATP 的生成

反应阶段	消耗 ATP	底物磷酸化
肌糖原→果糖 -1,6- 二磷酸	1 个 ATP	—
葡萄糖→果糖 -1,6- 二磷酸	2 个 ATP	—
果糖 -1,6- 二磷酸→2 分子磷酸丙糖	—	—
2- 磷酸甘油酸→丙酮酸	—	4 个 ATP
丙酮酸→乳酸		

调节糖酵解的关键酶

关键酶类有三种，酵解过程可调控。

表 6-8　糖酵解关键酶的调节

	激活剂	抑制剂	备注
6- 磷酸果糖激酶 -1	AMP、ADP、果糖 -1,6- 二磷酸、果糖 -2,6- 二磷酸	ATP、柠檬酸	果糖 -1,6- 二磷酸是该酶的正反馈激活剂 果糖 -2,6- 二磷酸是该酶最强的变构激活剂
丙酮酸激酶	果糖 -1,6- 二磷酸	ATP、丙氨酸	—
己糖激酶	AMP，胰岛素（可诱导己糖激酶基因的转录，促进酶的合成）	葡糖 -6- 磷酸、长链脂酰 CoA	有四种同工酶，干细胞中的 Ⅳ 型，称为葡糖激酶

糖酵解的生理意义

缺氧情况下供能，红 C 等靠此产能，调节红 C 摄氧力，提供原料糖异生。

表 6-9　糖酵解的生理意义

生理意义	说明
机体在缺氧情况下获取能量的有效方式	① 机体缺氧时主要通过糖酵解获得能量 ② 机体在剧烈运动时，通过糖酵解能迅速获得能量
某些细胞在氧供应正常情况下的重要供能途径	① 糖酵解是红细胞获得能量的唯一方式 ② 糖酵解是神经、白细胞、骨髓等在有氧情况下获得部分能量的有效方式
调节红细胞的摄氧能力	红细胞内 1,3- 二磷酸甘油酸转变成的 2,3- 二磷酸甘油酸可与血红蛋白结合，促进氧合血红蛋白释放氧气
可作为糖异生的原料	肌肉中产生的乳酸、丙氨酸（由丙酮酸转变）在肝中能作为糖异生的原料，生成葡萄糖

三、糖的有氧氧化

糖的有氧氧化

有氧氧化三阶段，葡萄糖至丙酮酸，后者生成乙酰 A[1]，乙酰 A 入三羧环[2]。

注释：[1] 指乙酰 CoA。

[2] 指三羧酸循环。

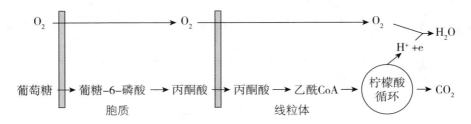

图 6-2　葡萄糖有氧氧化概况

机体利用氧将葡萄糖彻底氧化成 CO_2 和 H_2O 的反应过程称为有氧氧化（aerobic oxidation）。有氧氧化是体内糖分解供能的主要方式，绝大多数细胞都通过它获得能量。在肌组织中葡萄糖通过无氧氧化所生成的乳酸，也可作为运动时机体某些组织（如心肌）的重要能源，彻底氧化生成 CO_2 和 H_2O，提供足够的能量

三羧酸循环

草酰乙酸柠檬酸，酮戊二酸团团转，全程三八 ATP，二氧化碳水生完。

氧化彻底产能高，供体利用并保暖。

三羧酸循环的反应过程

草酰乙酸乙酰A，缩合生成柠檬酸，柠檬酸含三羧酸，变构生成异柠檬酸，
氧化脱羧再脱羧，底物水平磷酸化，生成四碳琥珀酸，脱氢加水再脱氢，
草酰乙酸得重生，再次循环又进行。

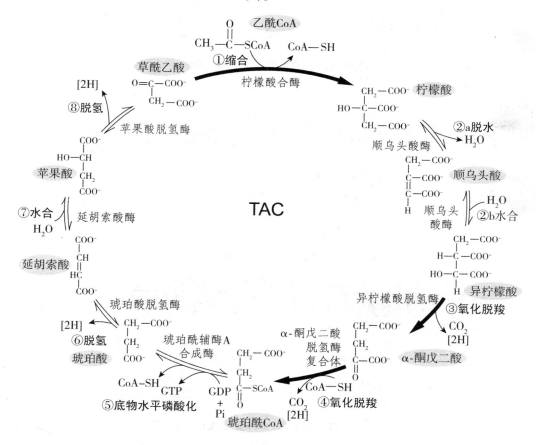

图 6-3 三羧酸循环（TAC）

三羧酸循环的特点

三羧循环特点多，归纳起来有九个。

表 6-10 三羧酸循环的特点

① 在有氧条件下进行

② 在线粒体内进行

③ 有 2 次脱羧和 4 次脱氢

④ 受氢体是 NAD^+ 和 FAD

续表

⑤ 每循环一次消耗 1 个乙酰基，产生 12 分子 ATP

⑥ 产能方式是底物磷酸化和氧化磷酸化，以后者为主

⑦ 循环不可逆（三羧酸循环中有 3 个不可逆反应）

⑧ 限速酶是柠檬酸合酶、异柠檬酸脱氢酶和 α- 酮戊二酸脱氢酶复合体

⑨ 关键物质草酰乙酸主要由丙酮酸羧化回补

糖代谢中的底物水平磷酸化反应

底物水平磷酸化，共有三处可见它。

表 6-11   糖代谢中的底物水平磷酸化反应

底物水平磷酸化反应	反应部位	参与反应的酶
1,3- 二磷酸甘油酸 +ADP → 3- 磷酸甘油酸 +ATP	胞质	磷酸甘油酸激酶
磷酸烯醇式丙酮酸 +ADP →丙酮酸 +ATP	胞质	丙酮酸激酶
琥珀酰 CoA+GDP →琥珀酸 +GTP	线粒体	琥珀酰 CoA 合成酶

三羧酸循环中的不可逆反应

三羧酸循环反应，三步反应不可逆。

表 6-12   三羧酸循环中的不可逆反应

反应步骤	催化该反应的酶
草酰乙酸 + 乙酰 CoA $\xrightarrow{缩合}$ 柠檬酸	柠檬酸合酶
异柠檬酸 $\xrightarrow{氧化、脱羧}$ α- 酮戊二酸	异柠檬酸脱氢酶
α- 酮戊二酸 $\xrightarrow{氧化、脱羧}$ 琥珀酰 CoA	α- 酮戊二酸脱氢酶复合体

葡萄糖有氧氧化生成的 ATP

有氧氧化葡萄糖，能产大量 ATP。

表 6-13   葡萄糖有氧氧化生成的 ATP

	反应	辅酶	最终获得 ATP
第一阶段	葡萄糖→葡糖 -6- 磷酸		- 1
	果糖 -6- 磷酸→果糖 -1,6- 二磷酸		- 1
	2 分子 3- 磷酸甘油醛→ 2 分子 1,3- 双磷酸甘油酸	2NADH（胞质）	3 或 5
	2 分子 1,3- 双磷酸甘油酸→ 2 分子 3- 磷酸甘油酸		2
	2 分子磷酸烯醇式丙酮酸→ 2 分子丙酮酸		2
第二阶段	2 分子丙酮酸→ 2 分子乙酰 CoA	2NADH（线粒体基质）	5

反应		辅酶	最终获得ATP
第三阶段	2分子异柠檬酸 → 2分子 α-酮戊二酸	2NADH（线粒体基质）	5
	2分子 α-酮戊二酸 → 2分子琥珀酰CoA	2NADH	5
	2分子琥珀酰CoA → 2分子琥珀酸		2
	2分子琥珀酸 → 2分子延胡索酸	FADH$_2$	3
	2分子苹果酸 → 2分子草酰乙酸	2NADH	5
	一分子葡萄糖氧化全过程		30 或 32

注释：(1) 获得ATP的数量取决于还原当量进入线粒体的穿梭机制。

(2) 三羧酸循环中4次脱氢反应产生的 NADH+H$^+$ 和 FADH$_2$ 可经电子传递链产生ATP。除三羧酸循环外，其他代谢途径中生成的 NADH+H$^+$ 或 FADH$_2$ 也可经电子传递链传递生成ATP。例如，糖酵解途径中3-磷酸甘油醛脱氢生成3-磷酸甘油酸时生成 NADH+H$^+$，在氧供应充足时就进入电子传递链而不再用以将丙酮酸还原成乳酸。NADH+H$^+$ 的氢传递给氧时，可生成2.5个ATP；FADH$_2$ 的氢被氧化时只能生成1.5个ATP。加上底物水平磷酸化生成的1个ATP，乙酰CoA经三羧酸循环彻底氧化分解共生成10个ATP。若从丙酮酸脱氢开始计算，共产生12.5分子ATP。1mol葡萄糖彻底氧化生成 CO$_2$ 和 H$_2$O，可净生成5或7+2×12.5=30或32molATP。

总的反应为：葡萄糖 +32ADP+32Pi+6O$_2$ → 32ATP+6CO$_2$+44H$_2$O

三羧酸循环的生理意义

三羧循环产能量，氧化分解共途径，代谢联系是枢纽，提供小分子前体。

若需氧化磷酸化，还原当量可提供。

表6-14 三羧酸循环的生理意义

生理意义	说明
氧化供能	葡萄糖在体内经三羧酸循环彻底氧化可生成大量ATP，供机体组织细胞利用
三大营养物彻底氧化分解的共同、最终途径	三大营养物均能以乙酰CoA的形式进入此循环被彻底氧化
三大营养物代谢联系的枢纽	三大营养物通过此循环可以互相转换。此循环是分解与合成的共同代谢途径
为其他物质代谢提供小分子前体	可为其他物质代谢提供辅酶A等小分子物质
为氧化磷酸化提供还原当量	三羧酸循环可产生大量 NADH+H$^+$、FADH$_2$ 等，可为氧化磷酸化提供还原当量

有氧氧化关键酶的调节

有氧氧化之调节，关键酶共有七种。

表 6-15　有氧氧化七种关键酶的调节

酶	调节机制	抑制剂	激活剂
己糖激酶	次要的调节方式	G-6-P	—
6-磷酸果糖激酶-1	最重要的变构调节酶	ATP/AMP 上升、柠檬酸	ATP/AMP 下降，F-1,6-2P;F-2,6-2P
丙酮酸激酶	变构调节 + 化学修饰	ATP、丙酮酸、胰高血糖素	F-1,6-2P
丙酮酸脱氢酶复合体	变构调节 + 化学修饰	ATP/AMP 上升 NADH/NAD$^+$ 上升 乙酰 CoA/CoA 上升 脂肪酸	ATP/AMP 下降 NADH/NAD$^+$ 下降 乙酰 CoA/CoA 下降 Ca^{2+} 上升
柠檬酸合酶	现在不认为是调节酶	—	—
异柠檬酸脱氢酶	反馈抑制	ATP/AMP 上升 NADH/NAD$^+$ 上升	Ca^{2+} 上升 ADP
α-酮戊二酸脱氢酶	反馈抑制	ATP/AMP 上升 NADH/NAD$^+$ 上升	Ca^{2+} 上升

注释：G-6-P，葡糖 -6- 磷酸；F-1,6-2P，果糖 -1,6- 二磷酸；F-2,6-2P，果糖 -2,6- 二磷酸。

糖酵解和糖有氧氧化的比较

有氧氧化糖酵解，两者差异区别开。

表 6-16　糖酵解和糖有氧氧化的比较

比较项目	糖酵解	糖有氧氧化
反应部位	胞质	胞质和线粒体
反应条件	无氧	有氧
受氢体	NAD$^+$	NAD$^+$、FAD
限速酶	己糖激酶或葡糖激酶、6-磷酸果糖激酶 -1、丙酮酸激酶（3个）	己糖激酶或葡糖激酶、6-磷酸果糖激酶 -1、丙酮酸激酶、丙酮酸脱氢酶复合体、柠檬酸合酶、异柠檬酸脱氢酶、α-酮戊二酸脱氢酶复合体（7个）
生成 ATP 数	1 分子葡萄糖氧化分解净生成 2 分子 ATP	净生成 36 或 38 分子 ATP
产能方式	底物水平磷酸化	底物水平磷酸化和氧化磷酸化，后者为主
终产物	乳酸	CO$_2$ 和 H$_2$O
生理意义	糖酵解是肌肉在有氧条件下进行收缩时迅速获得能量的重要途径，是机体缺氧时获得能量的主要途径，是成熟红细胞获得能量的唯一方式，是神经、白细胞、骨髓等组织细胞在有氧情况下获得部分能量的有效方式	糖的有氧氧化是机体获得能量的主要途径。三羧酸循环是体内糖、脂肪、蛋白质三大营养物质彻底氧化分解共同的最终代谢通路，是体内物质代谢相互联系的枢纽

四、磷酸戊糖途径

磷酸戊糖途径的反应

戊糖途径两阶段：氧化生成五碳糖；基团转移是第二，生成三或六碳糖。

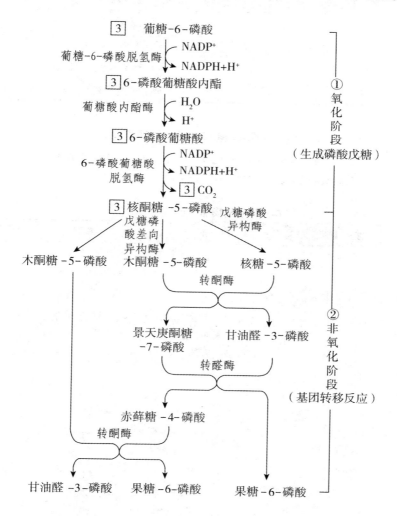

图 6-4 磷酸戊糖途径

3 表示 3 分子

磷酸戊糖途经的关键酶是葡糖 -6- 磷酸脱氢酶，其代谢反应在胞质中进行，葡萄糖经此途径代谢的主要意义是产生磷酸核糖、NADPH 和 CO_2，而不是生成 ATP

磷酸戊糖途径的特点

对氧需求不严格，反应进行在胞浆，产生特殊代谢物，反应不消耗能量。

表 6-17 磷酸戊糖途径的特点

特点	说明
对氧的需求不严格	有氧或无氧均可
反应进行的部位在胞质（浆）	
产生特殊的代谢产物	如核糖 -5- 磷酸和 NADPH 等
不消耗能量	不产能也不耗能

磷酸戊糖途径的生理意义

戊糖途径生核糖，核酸代谢有保证。提供 NADPH，多种反应能供氢。

还能提供赤藓糖，相应反应能进行。

表 6-18 磷酸戊糖途径的生理意义

生理意义	说明
为核酸生物合成提供核糖	核糖是核酸和游离核苷酸的组成成分，体内的核糖是通过磷酸戊糖途径生成的
提供 NADPH 作为供氢体参与多种代谢反应	
提供生物合成的还原剂	需要 NADPH 提供还原能力的生物合成途径有脂肪酸、固醇类激素、胆固醇、核苷酸和神经递质的生物合成
维持巯基酶活性	
解毒	细胞色素 P450 单加氧酶解毒系统需要 NADPH 参与对毒物的羟基化反应
参与免疫功能	巨噬细胞膜上有 NADPH 氧化酶，催化 NADPH 上的电子转移给 O_2，形成超氧阴离子以杀灭入侵的微生物
维持谷胱甘肽的还原状态	NADPH 是谷胱甘肽还原酶的辅酶，在还原型谷胱甘肽的再生反应中有重要作用
在维持红细胞膜的完整性中起重要作用	由于葡萄 -6- 磷酸脱氢酶遗传缺陷而导致蚕豆病，表现为溶血性贫血
间接进入呼吸链	在吡啶核苷酸转氢酶催化下，NADPH 可将氢原子转移给 NAD^+，形成 NADH，由 NADH 进入呼吸链产生 ATP
提供赤藓糖 -4- 磷酸	芳香族氨基酸和维生素 B_6 的合成需要赤藓糖

三种糖分解代谢的比较

糖的分解三途径，反应部位不相同，产物产能有差别，生理意义各不同。

表 6-19 三种糖分解代谢的比较

	糖酵解	有氧氧化	磷酸戊糖途径
反应条件	缺氧	有氧	—
部位	胞质	线粒体	胞质
关键酶	己糖激酶、6-磷酸果糖激酶-1、丙酮酸激酶	丙酮酸脱氢酶复合体、柠檬酸合成酶、异柠檬酸脱氢酶、α-酮戊二酸脱氢酶	葡糖-6-磷酸脱氢酶
产物	乳酸	CO_2 和水	磷酸核糖、NADPH
能量生成	净生成 2 个 ATP	净生成 36 或 38 个 ATP	没有 ATP 生成
生理意义	①迅速提供能量 ②成熟红细胞的供能 ③某些代谢活跃的组织供能	①氧化供能 ②三大营养物彻底氧化分解的最终代谢通路 ③三大营养物质互变的枢纽	①为核酶合成提供核糖 ②提供合成代谢反应的还原当量

五、糖原合成与分解

糖原合成的过程

葡糖首先被活化，合成反应才可行，糖原直链被合成，然后糖链生分支。

表 6-20 糖原的合成过程

反应阶段	主要反应	参与反应的酶
葡萄糖活化生成 UDPG（活性葡萄糖基供体）	葡萄糖 +ATP →葡糖-6-磷酸	己糖激酶或葡糖激酶（肝）
糖原直链形成	UDPG 的葡萄糖基转移给糖原引物的糖链末端，形成 α-1,4-糖苷键	糖原合酶（关键酶）
形成分支	将一段糖链转移到邻近的糖链上，以 α-1,6-糖苷键相连	分支酶

糖原的分解过程

首先进行磷酸解，然后转移和脱支。

表 6-21 糖原的分解过程

反应步骤	参与反应的酶	说明
糖原磷酸解为葡糖 -1- 磷酸		
葡糖 -1- 磷酸的生成	糖原磷酸化酶	催化糖原非还原端葡萄糖基磷酸化，此酶是关键酶
葡糖 -1- 磷酸转变为葡糖 -6- 磷酸	磷酸葡萄糖变位酶	
葡糖 -6- 磷酸水解为葡萄糖	葡糖 -6- 磷酸酶	肌肉中不含此酶，故肌糖原不能分解成葡萄糖，只能进入糖酵解途径供能
转移	α-1,4- 转寡糖基酶	当糖原分支糖链分解剩下 4 个糖基时，由此酶将分支末端 3 个糖基转到主链非还原端，以利酶发挥催化作用
脱支	α-1,6- 葡萄糖苷酶	将已暴露出分支点处 α-1,6 糖苷键水解，生成游离的葡萄糖

糖原合成与分解的比较

糖原合成与分解，大致情况正相反。

肝糖原与肌糖原，代谢途径不一般。

表 6-22 糖原分解与合成的比较

	糖原分解	糖原合成
部位	肝	肝、肌肉
关键酶	磷酸化酶	糖原合酶
酶的形式	磷酸化酶 a（有活性、磷酸化的） 磷酸化酶 b（无活性、去磷酸化的）	磷酸合酶 a（有活性、去磷酸化的） 磷酸合酶 b（无活性、磷酸化的）
关键酶作用的键	α-1,4- 糖苷键	α-1,4- 糖苷键
作用于分支的酶	α-1,6- 葡萄糖苷酶	分支酶（将 α-1,4 键转为 α-1,6 键）
是否耗能	否	耗能（每增加 1 分子葡萄糖残基消耗 2 分子 ATP）
作用	维持血糖（肝），酵解供能（肌肉）	贮备糖原（能量）

表 6-23 肝糖原与肌糖原代谢的比较

	肝糖原（肝组织中）	肌糖原（肌组织中）
合成途径	① 直接途径：葡萄糖磷酸化为葡糖-6-磷酸后转变为葡糖-1-磷酸，然后与 UTP 反应活化为 UDPG，再在糖原合酶下合成糖原	同左
	② 间接途径（三碳途径）：饥饿后补充及恢复肝糖原贮备时，葡萄糖先分解为乳酸、丙酮酸等三碳化合物，再进入肝异生成糖原	无
分解途径		
G-6-P 酶	肝、肾组织富含此酶	不含此酶
特性	能利用 G-6-P 酶将 G-6-P 水解为葡萄糖，维持血糖水平	无 G-6-P 酶，不能将 G-6-P 水解为葡萄糖，不能维持血糖水平，只能为肌肉提供能量（糖酵解或有氧氧化）
代谢关键		
酶的调节激素	主要受胰高血糖素调节	主要受肾上腺素调节
别构效应物	ATP、AMP、葡萄糖	ATP、AMP、葡糖-6-磷酸
二者之间的联系	乳酸循环——肌收缩经糖酵解生成乳酸，乳酸由血液运送到肝再异生为葡萄糖，葡萄糖入血液后又可被肌肉摄取利用	

注释：UTP，尿苷三磷酸；UDPG，尿苷二磷酸葡萄糖。

糖原贮积症

糖原贮积症九型，先天缺乏某种酶，属于代谢性疾病，糖原难用聚体内。

表 6-24 各种类型糖原贮积症

分型	缺陷的酶	受累器官	糖原结构	主要临床表现
Ⅰ型	G-6-P 酶	肝、肾	正常	肝、肾明显肿大，发育受阻，严重低血糖、酮症、高尿酸血症，伴有痛风性关节炎、高脂血症
Ⅱ型	α-1,4-葡糖苷酶（溶酶体）	所有组织	正常	常在 2 岁前肌张力低、肌无力、心力、呼吸衰竭致死
Ⅲ型	脱支酶	肝、肌肉	分支多，外周糖链短	类似Ⅰ型，但程度较轻
Ⅳ型	分支酶	肝、脾	分支少，外周糖链长	进行性肝硬化，常在 2 岁前因肝衰竭而死亡

分型	缺陷的酶	受累器官	糖原结构	主要临床表现
V型	磷酸化酶（肌）	肌	正常	由于疼痛，肌肉剧烈运动受限
VI型	磷酸化酶（肝）	肝	正常	类似I型，但程度较轻
VII型	磷酸果糖激酶-1	肌	正常	与V型相似
VIII型	磷酸果糖激酶	肝	正常	轻度肝大和低血糖
IX型	糖原合酶	肝		糖原缺乏

六、糖异生

概述

异生过程三阶段，与糖酵解反向行，但需绕行三能障，反应产能得进行。

表 6-25 糖异生的过程

糖异生的过程 （记忆要点"一、二、三"）	说明
一次反应	
一次 ATP 的消耗	丙酮酸 +CO_2+ATP → 草酰乙酸
一次 GTP 的消耗	草酰乙酸 +GTP → 磷酸烯醇式丙酮酸
二种转运草酰乙酸的途径	
苹果酸穿梭机制	以丙酮酸或生成丙氨酸的生糖氨基酸为原料异生为糖时，采用此种途径
谷草转氨酶生成天冬氨酸机制	以乳酸为原料异生为糖时采用此种途径
三次能障绕行	
丙酮酸转变为磷酸烯醇式丙酮酸	丙酮酸 → 草酰乙酸 → 磷酸烯醇式丙酮酸
果糖-1,6-二磷酸转变为果糖-6-磷酸	果糖双磷酸酶-1 催化
葡糖-6-磷酸水解为葡萄糖	葡糖-6-磷酸酶催化
基本过程分三阶段	①丙酮酸经丙酮酸羧化支路生成磷酸烯醇式丙酮酸 ②果糖-1,6-二磷酸转变为果糖-6-磷酸 ③葡糖-6-磷酸水解为葡萄糖

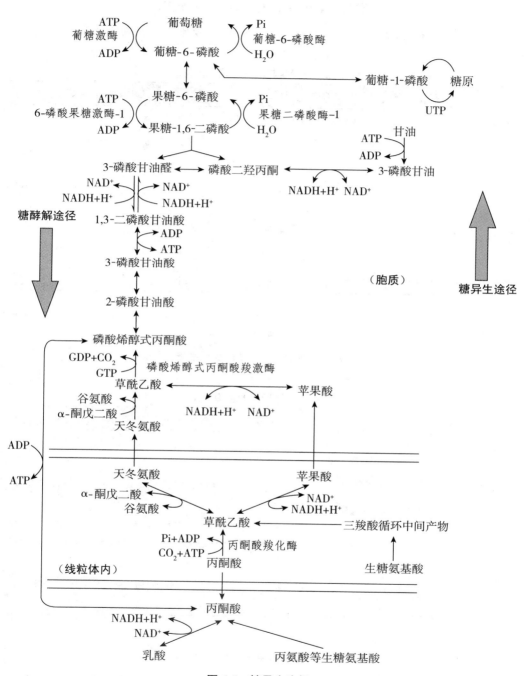

图 6-5 糖异生途径

糖异生与糖酵解调节的比较

糖酵解与糖异生，二者均可受调控。调节方式有多种，调节方向不相同。

表 6-26 糖异生与糖酵解调节的比较

调节因素	糖异生的调节	糖酵解的调节
果糖 -2,6- 二磷酸	下降（抑制果糖二磷酸酶 -1）	上升（激活 6- 磷酸果糖激酶 -1）
ATP/ADP 下降	下降	上升
乙酰 CoA	上升	下降
胰高血糖素	上升	下降
肾上腺素	上升	下降
糖皮质激素	上升	下降
胰岛素	下降	上升
饥饿、大量运动	上升	下降

糖异生的生理意义

维持血糖之稳定，补充肝糖原储备，调节酸碱之平衡，乳酸利用有途径。

表 6-27 糖异生的生理意义

意义	说明
维持血糖浓度恒定	空腹或饥饿时依赖氨基酸、甘油等异生为葡萄糖，以维持血糖水平恒定
补充肝糖原	糖异生是肝补充或恢复糖原储备的重要途径，对于饥饿后进食更为重要
调节酸碱平衡	长期饥饿时，肾糖异生增强，可促进谷氨酰胺及谷氨酸脱氨反应，肾小管泌 NH_3 可促进其泌 H^+，有利于排氢保钠作用的进行，对防止酸中毒有重要作用
有利于乳酸的利用	肌肉运动时产生大量乳酸，可经血液循环运输到肝异生为葡萄糖，以便进一步氧化利用

乳酸循环的生理意义

乳酸循环有意义，乳酸利用受促进，防止乳酸酸中毒，促进肝糖原更新。

表 6-28 乳酸循环的生理意义

生理意义	说明
促进乳酸的利用	肌肉生成的乳酸在肝中异生为葡萄糖氧化分解，利用乳酸碳支架氧化产能，避免乳酸损失
防止乳酸酸中毒	乳酸呈酸性，大量乳酸在体内堆积易引起酸中毒，乳酸循环可避免酸中毒的产生
促进肝糖原更新	乳酸循环在肝中异生为葡萄糖，可促进肝糖原的合成和更新

肌肉运动产生乳酸的去路

肌肉运动产乳酸，到肝异生成为糖，到心氧化可供能，到肾经尿排体外。

表 6-29 肌肉运动产生乳酸的去路

经血液循环到达的器官	对乳酸的处理	说明
肝	将乳酸异生成糖，再运送到肌肉	即乳酸循环
心脏	经 LDH 催化乳酸生成丙酮酸后，进一步氧化供能	
肾	① 将乳酸异生成糖 ② 将乳酸从尿中排出体外	

注释：少量乳酸可在肌肉内生成丙酮酸而进入有氧氧化。

表 6-30 几种糖代谢途径的比较

	磷酸戊糖途径	糖原分解	糖原合成	糖异生
反应部位	胞质	肝	肝、肌肉	肝、肾（胞质＋线粒体）
关键酶	G-6-P 脱氢酶	磷酸化酶	糖原合酶	丙酮酸羧化酶
代谢产物	磷酸核糖（→核苷酸） NADPH（→供氢体）	葡萄糖	糖原	葡萄糖、糖原
生理意义	① 为核酸的合成提供核糖 ② 提供大量 NADPH，参与多种代谢反应	主要是调节血糖	① 主要是贮备能量 ② 肝糖原是血糖的重要来源	① 维持血糖稳定 ② 补充糖原贮备 ③ 长期饥饿时，肾糖异生维持酸碱平衡 ④ 有利于乳酸的利用

注释：糖酵解与有氧氧化的比较见表 6-16。

七、葡萄糖的其他代谢产物

概述

葡糖生成其他物，生理病理有意义。

表 6-31 葡萄糖的其他代谢产物

代谢途径	代谢产物	意义
糖醛酸途径	葡糖醛酸	组成蛋白聚糖的糖胺聚糖的组分，在肝内参与结合反应
多元醇途径	木糖醇、山梨醇等	多元醇本身无毒，不易透过细胞膜，在一些组织中具有重要的生理或病理意义
2,3-二磷酸甘油酸旁路	2,3-二磷酸甘油酸	调节血红蛋白运氧，降低血红蛋白对氧的亲和力

八、血糖及其调节

🌱 血糖的来源

血糖来源有三条：糖类吸收最重要，肝糖分解糖异生，饥饿应激不可少。

🌱 血糖的去路

氧化供能主去路，合成糖原在肝肌，转成脂肪他物质，超出糖阈经尿出。

🌱 血糖浓度的调节

提高血糖多激素，胰高甲状生长素，肾上皮质肾上腺，降糖唯一胰岛素。
肝脏神经双向调，三方参与共监督。

表 6-32 激素对血糖水平的调节

对血糖的调节	激素名称	功能
降低血糖	胰岛素	①促进葡萄糖进入肌肉、脂肪等组织细胞 ②加速葡萄糖在肝、肌肉等器官组织合成糖原 ③促进葡萄糖的有氧氧化 ④抑制肝糖异生 ⑤抑制肝糖原分解 ⑥促进糖转变为脂肪 ⑦抑制激素敏感性脂肪酶，减少脂肪动员
升高血糖	胰高血糖素	①促进肝糖原分解，抑制肝糖原合成 ②抑制糖酵解，促进糖异生 ③激活激素敏感性脂肪酶，加速脂肪动员
	糖皮质激素	①促进肌肉蛋白质分解产生氨基酸，转移到肝进行糖异生，使糖异生加强 ②协助促进脂肪动员 ③抑制肝外组织摄取利用葡萄糖
	肾上腺素	①加速肝糖原分解 ②促进肌糖原酵解成乳酸，转入肝异生成糖

表 6-33 胰岛素对肝、肌肉、脂肪组织的糖、脂肪和蛋白质的代谢作用

	肝细胞	脂肪细胞	肌肉
糖	糖异生↓ 糖原分解↓ 糖酵解↑	葡萄糖摄取↑ 甘油合成↑	葡萄糖摄取↑ 糖酵解↑ 糖原合成↑
脂肪	脂肪合成↑	三酰甘油合成↑ 脂肪酸合成↑	
蛋白质	蛋白质分解↓		氨基酸摄取↑ 蛋白质合成↑

常见血糖水平异常

血糖水平有异常,高血糖与低血糖。

表 6-34 常见的两种血糖浓度异常类型

类型	血糖浓度	说明
高血糖	> 7.1mmol/L	当血糖浓度高于 8.89～10mmol/L,则超过了肾小管的重吸收量,出现糖尿,这一血糖水平称为肾糖阈。持续性高血糖和糖尿,尤其是空腹血糖和糖耐量曲线高于正常范围,主要见于糖尿病
低血糖	< 2.8mmol/L	当血糖浓度过低时,会影响心、脑功能,出现头晕、倦怠无力、心悸等,严重时出现昏迷,称为低血糖休克

两型糖尿病的比较

糖尿病型分两类,1 型依赖 2 型非。

表 6-35 胰岛素依赖型和非胰岛素依赖型糖尿病的比较

	胰岛素依赖型(1 型)糖尿病	非胰岛素依赖型(2 型)糖尿病
患病人群	青少年	中老年
发病情况	起病急、病情重、发展快	起病隐匿、病情轻、发展慢
发病机制	遗传因素 病毒感染 自身免疫反应	与肥胖有关的胰岛素相对不足 组织对胰岛素不敏感
抗胰岛细胞抗体	阳性	阴性
血胰岛素水平	明显降低	相对不足
胰岛病变	早期非特异性胰岛炎 胰岛数目减少,体积变小 B 细胞坏死,数目明显减少 淋巴细胞浸润	早期病变不明显 胰岛数目正常或轻度减少 间质内淀粉样变性
胰岛素治疗	依赖性	非依赖性

第七章 脂质代谢

一、脂质的构成、功能及分析

脂肪酸的分类

按碳分为短中长，按键分为饱不饱。

表 7-1 脂肪酸的分类

分类方法	分类	说明
按碳原子数目分类	短链脂肪酸 中链脂肪酸 长链脂肪酸	含 2 ～ 4 个碳原子 含 6 ～ 10 个碳原子 含 12 ～ 28 个碳原子
按是否含双键分类	饱和脂肪酸 不饱和脂肪酸	不含双键 包括单不饱和脂肪酸（仅含 1 个双键）和多不饱和脂肪酸（含 2 个或 2 个以上双键）

脂肪酸的命名法

脂肪酸的命名法，习惯系统两方法。

表 7-2 脂肪酸的命名

分类	命名方法	举例或说明
习惯命名法	① 以碳原子数目命名 ② 以来源命名 ③ 以性质命名	丁酸、辛酸 花生四烯酸、亚麻酸 软脂酸
系统命名法 （标出脂肪酸中碳原子数目及双键位置）	① Δ 编码体系：从脂肪酸的羧基端开始计算碳原子的排列顺序 ② ω 或 η 编码体系：从脂肪酸的甲基碳开始计算碳原子的排列顺序	将离羧基最近的碳原子称为 α 碳原子，依次为 β、γ、δ 碳原子，离羧基最远的称为甲基碳或 ω 碳原子（$C\omega$），离羧基最远的双键距 $C\omega$ 的碳原子数用 ω 数或 η 标明

脂质的生理功能

脂质功能有多种，储能供能维体温，缓冲外压护内脏，维护生物膜完整，参与细胞传信息，转为多种活性物。

表 7-3 脂质的主要生理功能

生理功能	说明
储能、供能	三酰甘油是体内含量最多的脂类物质，是体内能量最有效的贮存形式，氧化分解时可释放大量能量
维持生物膜的结构完整与正常功能	脂质是构成生物膜的主要成分，并参与维持生物膜的正常结构与功能活动
保护内脏	脂肪组织具有软垫作用，能缓冲外界的机械冲撞，保护内脏
维持体温	脂肪组织不易导热，可减少体热的散失，对维持体温恒定具有重要作用
参与细胞信息传递	细胞膜磷脂酰肌醇降解产生的三磷酸肌醇和二酰甘油是细胞内重要的第二信使
转变成多种重要生物活性物质	如花生四烯酸可转变为前列腺素、血栓素及白三烯，胆固醇可转变成胆汁酸盐、维生素 D 及类固醇激素

二、脂质的消化与吸收

脂质在小肠内的消化

脂质消化终产物，脂酸甘油胆固醇。

表 7-4 脂质在小肠内的消化

脂质	在小肠内的主要消化过程
食物脂质	食物中的脂质 $\xrightarrow{乳化}$ 微团 $\xrightarrow{消化酶}$ 产物
三酰甘油	三酰甘油 $+H_2O \xrightarrow[辅脂酶]{胰脂酶}$ 2- 单酰甘油 $+2$ 分子脂肪酸
磷脂	磷脂 $+H_2O \xrightarrow{磷脂酶 A_2}$ 溶血磷脂 + 脂肪酸
胆固醇酯	胆固醇酯 $+H_2O \xrightarrow{胆固醇酯酶}$ 胆固醇 + 脂肪酸

脂肪代谢的特点

胆汁胰酶化脂肪，先入淋巴后循环。肝解脂肪生酮体，氧化应进三羧酸。

表 7-5 脂质消化吸收的特点

特点	说明
主要部位在小肠	小肠上段是脂质的主要消化场所，十二指肠下段及空肠上段是脂质吸收的主要场所

特点	说明
需要胆盐辅助吸收	胆盐乳化与分散脂肪，促进其吸收
需要多种酶协同作用	不同的酶作用于脂质的不同部位，共同完成脂质的消化
消化产物主要经被动吸收	因其产物主要为脂溶性物质，易透过细胞膜进入肠黏膜
在小肠黏膜重新合成三酰甘油	被吸收的消化产物经单酰甘油途径在小肠黏膜中合成三酰甘油
在血中运输需要载脂蛋白协助	脂质不溶于水，故需与载脂蛋白结合，增加其水溶性，以利其在血液中运输
有两条吸收途径	中、短链脂肪酸通过门静脉吸收，长链脂肪酸、胆固醇、磷脂等通过淋巴系统吸收

三、三酰甘油的代谢

概述

三酰甘油产能多，储能所占体积小，常温通常呈液态，大量存于脂细胞。

表7-6　三酰甘油在机体能量代谢中的作用特点

作用	说明
产能多	1g 脂肪产能 38kJ，1g 蛋白质或糖只产能 17kJ，三酰甘油是机体重要的能量来源
储能所占体积小	以无水的形式储存，因此所占的体积较小
有专门储存场所	主要储存于脂肪细胞中，是机体能量储存的主要形式
常温下呈液态	有利于能量的储存和利用，是脂肪酸的主要储存形式

脂解激素与抗脂解激素

脂解激素促水解，抗脂解则抑分解。

表7-7　脂解激素与抗脂解激素

	脂解激素	抗脂解激素
激素	ACTH、肾上腺素、去甲肾上腺素、胰高血糖素	胰岛素、前列腺素 E_2
作用	促进脂肪水解为甘油和脂肪酸	抑制脂肪的分解
作用机制	激活激素敏感性脂肪酶	抑制激素敏感性脂肪酶的活性

脂肪酸 β- 氧化

（1）

β- 氧化四步骤，脱氢加水再脱氢，然后硫解脱二碳，乙酰辅酶 A 生成。

（2）

脂酸加上辅酶 A，活化之后起反应，反应发生在何处？β 碳上来进行，
脱氢加水再脱氢，硫解放出乙酰 A，脂酰减少两个碳，进入下轮再循环。

表7-8 偶数碳脂肪酸 β- 氧化反应和所用酶

步骤	反应	酶
第一次氧化（脱氢）	脂酰 CoA+FAD → 反 Δ^2- 烯脂酰 CoA+FADH$_2$	脂酰 CoA 脱氢酶
水化	反 Δ^2- 烯脂酰 CoA+FADH$_2$+H$_2$O → L(+)-β- 羟脂酰 CoA	烯脂酰 CoA 水化酶
第二次氧化（脱氢）	L(+)-β- 羟脂酰 CoA+NAD$^+$ → β- 酮脂酰 CoA+NADH+H$^+$	L(+)-β- 羟脂酰 CoA 脱氢酶
硫解	β- 酮脂酰 CoA+HSCoA → 乙酰 CoA+ 脂酰 CoA（缩短2个C）	β- 酮脂酰 CoA 硫解酶

注释：以 1 分子软脂酸为例，需要经过 7 轮 β- 氧化循环，共产生 8 分子乙酰 CoA、7 分子 FADH$_2$ 和 NADH，总反应式为：软脂酰 CoA+7FAD+7NAD$^+$+7H$_2$O → 8 乙酰 CoA+7FADH$_2$+7NADH+H$^+$

脂肪酸 β- 氧化的产能

脂酸氧化产能多，ATP 数超百个。

表7-9 1分子软脂酸彻底氧化 ATP 的收支情况

与 ATP 产生有关的酶	NADH 或 FADH$_2$ 产生量	最终产生 ATP 的数目
脂酰 CoA 合成酶		−2
脂酰 CoA 脱氢酶	7FADH$_2$	7×1.5=10.5
羟脂酰 CoA 脱氢酶	7NADH	7×2.5=17.5
异柠檬酸脱氢酶	8NADH	8×2.5=20
α- 酮戊二酸脱氢酶	8NADH	8×2.5=20
琥珀酰 CoA 合成酶		8GTP，相当于 8ATP
琥珀酸脱氢酶	8FADH$_2$	8×1.5=12
苹果酸脱氢酶	8NADH	8×2.5=20
总量		106

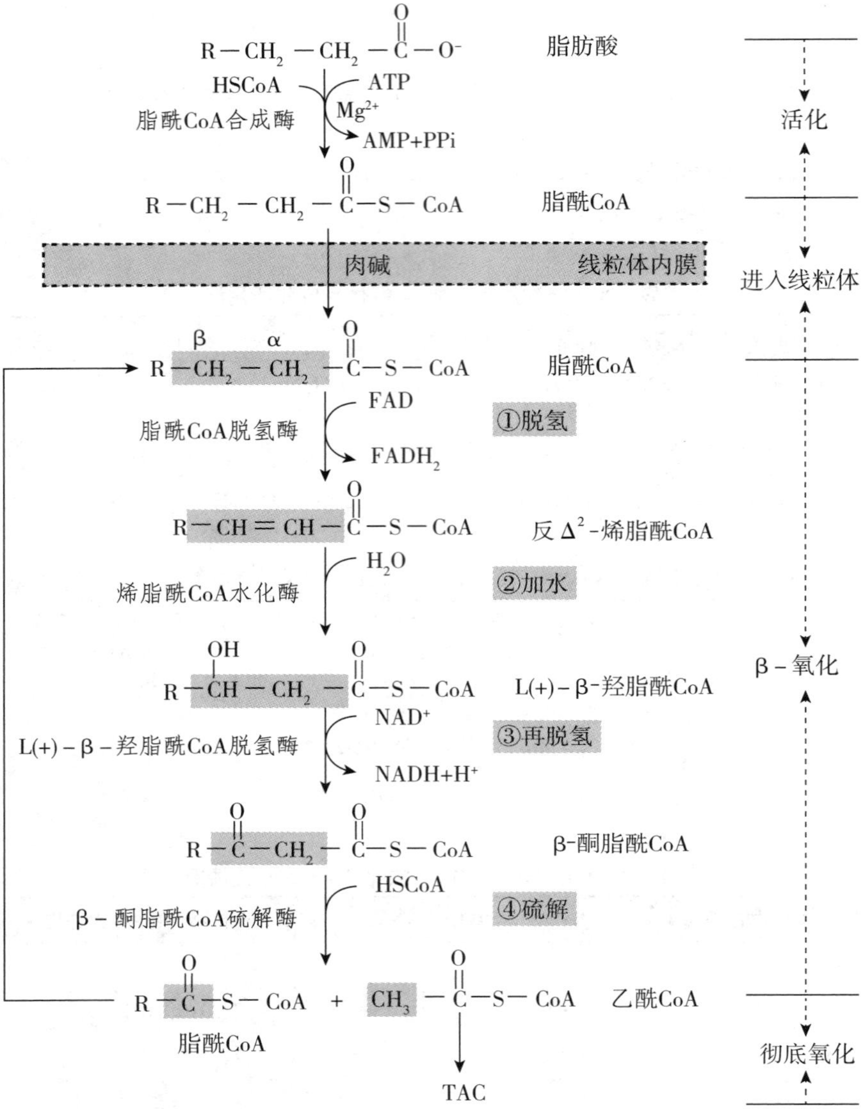

图 7-1 脂肪酸的氧化

表 7-10 软脂酸与葡萄糖在体内氧化产生 ATP 的比较

	软脂酸	葡萄糖
以 1mol 计	106ATP	38ATP
以 100g 计	50.4ATP	21.1ATP
能量利用效率	68%	68%

酮体的生成

酮体包含三成分：乙酰乙酸和丙酮，还有 β-羟丁酸，生成反应不相同。
生成酮体可供能，肝内生成肝外用。

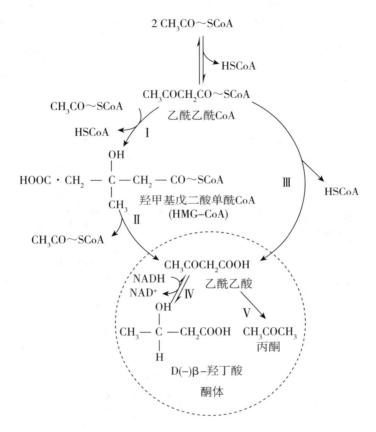

图 7-2　酮体在肝细胞中的生成

Ⅰ：HMG-CoA 合成酶　Ⅱ：HMG-CoA 裂解酶　Ⅲ：乙酰乙酰 CoA 脱酰酶
Ⅳ：β-羟丁酸脱氢酶　Ⅴ：乙酰乙酸脱羧酶

表 7-11　酮体的生成

酮体生成的步骤	说明
乙酰乙酰 CoA 的生成	方式： ① 由脂肪酸 β-氧化生成的乙酰 CoA 在乙酰乙酰 CoA 硫解酶的作用下缩合生成乙酰乙酰 CoA，并释放出 1 分子 HSCoA ② 脂肪酸经多轮 β-氧化后生成的丁酰 CoA 不发生硫解反应，也可生成乙酰乙酰 CoA

续表

酮体生成的步骤	说明
羟甲基戊二酸单酰CoA（HMG-CoA）的生成	乙酰乙酰 CoA 在 HMG-CoA 合成酶的催化下，再与 1 分子乙酰CoA 缩合生成 HMG-CoA，并释放出 1 分子 CoASH
乙酰乙酸的生成	HMG-CoA 在 HMG-CoA 裂解酶的作用下，生成乙酰乙酸和乙酰 CoA
β-羟丁酸及丙酮的生成	乙酰乙酸在 β-羟丁酸脱氢酶的催化下，被还原成 β-羟丁酸。少量的乙酰乙酸可自然脱羧生成丙酮

酮体生成的意义

酮体生成在肝脏，生成酮体意义重：肝脏输能的形式，

用酮减少糖利用，减少消耗蛋白质，酮体氧化可供能。

表 7-12　酮体生成的意义

意义	说明
肝输出能源的一种形式	肝能生成酮体，但不能利用酮体。酮体可通过血 - 脑屏障，是脑组织的重要能源物质
酮体利用增加可减少糖的利用	有利于维持血糖水平恒定，减少蛋白质的消耗
氧化供能	在饥饿、糖尿病等情况下，酮体可为重要器官提供能源物质

酮体生成的调节

酮体生成可调控，调节因素有三种。

表 7-13　酮体生成的调节

调节酮体生成的因素	说明
饱食和饥饿的影响	饱食后酮体生成减少，因饱食后胰岛素分泌增加，使脂肪分解减少饥饿时酮体生成增多，因饥饿时胰高血糖素分泌增加，脂肪分解增加
肝细胞糖原含量及代谢的影响	饱食或糖供给充足时，肝糖原丰富，脂肪分解减少，合成增多，故酮体生成减少；饥饿或糖供给不足时，酮体生成增多
丙二酰 CoA	饱食时丙二酰 CoA 合成增多，阻止脂酰 CoA 进入线粒体内进行 β-氧化，使酮体生成减少

参与酮体氧化的酶

心肾肌脑有四酶，酮体氧化显神威。

表 7-14 参与酮体氧化的酶

参与酮体氧化的酶	存在部位	作用
琥珀酰 CoA 转硫酶	心、肾、骨骼肌线粒体	乙酰乙酸和琥珀酰 CoA 在此酶的催化下，生成乙酰乙酸 CoA 和琥珀酸
乙酰乙酸硫激酶	心、肾、脑线粒体	乙酰乙酸和 HSCoA 在此酶的催化下，生成乙酰乙酸 CoA
乙酰乙酰 CoA 硫解酶	心、肾、脑及骨骼肌线粒体	乙酰乙酰 CoA 和 HSCoA 在此酶的催化下，生成 2 分子乙酰 CoA
β- 羟丁酸脱氢酶	脑、心、肾及骨骼肌线粒体	此酶以 NAD^+ 为辅酶，催化 β- 羟丁酸脱氢生成乙酰乙酸，然后再转变为乙酰 CoA 被进一步氧化分解

调节乙酰 CoA 羧化酶的因素

乙酰羧化酶活性，调节因素有多种。

表 7-15 调节乙酰 CoA 羧化酶活性的因素

别构调节剂	酶活性变化	调节机制
柠檬酸、异柠檬酸	↑	使酶由单体（无活性）→多聚体（有活性）
软脂酰 CoA、长链脂酰 CoA	↓	使酶由多聚体→单体
cAMP 依赖性蛋白激酶	↓	使酶蛋白磷酸化
胰高血糖素、肾上腺素	↓	激活 cAMP 依赖性蛋白激酶，使酶蛋白磷酸化
胰岛素	↑	激活蛋白磷酸酶，使酶蛋白脱磷酸化
长期摄入高糖低脂膳食	↑	诱导酶的生物合成，使酶含量↑
长期摄入高脂低糖膳食	↓	抑制酶的生物合成，使酶含量↓

脂肪酸合成过程

原料乙酰辅酶 A，丙二酰 A 七分子。

脂酸合酶复合体，中心周边二巯基。

原料分装到巯基，形成三元复合体。

相关酶的催化下，缩合生成四碳物。

加氢脱水再加氢，还原生成丁酰物。

经过七次循环后，生成一个软脂酰。

再经硫酯酶催化，释放出来软脂酸。

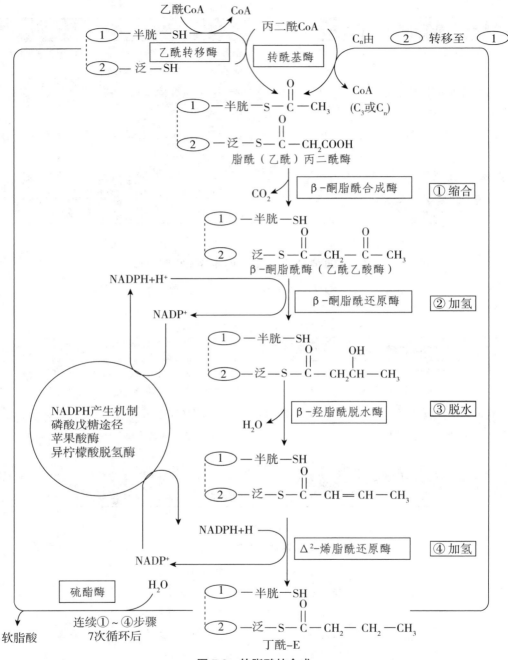

图 7-3 软脂酸的合成

丁酰 -E 是脂肪酸合成酶催化合成的第一轮产物。通过酰基转移、缩合、还原、脱水、再还原等步骤，碳原子由 2 个增加至 4 个。然后丁酰由 E2- 泛 -SH 转移至 E1- 半胱 -SH 上，E2- 泛 -SH（即 ACP 的 SH）基又可与一新的丙二酰基结合，进行缩合、还原、脱水、再还原等步骤的第二轮反应。经过 7 次循环之后，生成 16 个碳原子的软脂酰 -E2，然后经硫酯酶水解，即生成终产物——游离的软脂酸

表 7-16 脂肪酸合成过程

脂肪酸合成过程	说明
启动	① 乙酰 CoA 的乙酰基转移到酰基载体蛋白（ACP）的巯基上 ② 乙酰 CoA 的乙酰基从 ACP 再转移到酶分子的半胱氨酸巯基上
装载	在丙二酰基转移酶催化下，丙二酰基被装载到乙酰基转移酶的 ACP 巯基上，形成"乙酰基 - 酶 - 丙二酰基"三元复合物
缩合	在 β- 酮脂酰合成酶的催化下，丙二酰基 ACP 与乙酰基发生脱羧缩合生成乙酰乙酰 ACP
加氢	在 β- 酮脂酰还原酶催化下以 $NADPH^+$ 为供氢体，乙酰乙酰 ACP 被加氢还原生成 α,β- 羟丁酰 ACP
脱水	在 β- 羟脂酰脱水酶的催化下，α,β- 羟丁酰 ACP 分子中 β 位的羟基与 α 位的氢脱水生成 α，β- 反式 - 烯酰 ACP
再加氢	在 Δ^2 - 烯脂酰还原酶的催化下，α,β- 丁烯 ACP 加氢还原生成丁酰 ACP，完成第一轮循环，经 7 次循环生成 1 分子软脂酰 ACP
硫解	在长链脂酰硫酯酶的催化下，软脂酰 ACP 的硫酯键水解断裂，将软脂酸从酶复合体中释放出来

脂肪酸合成与分解的比较

脂酸分解与合成，二者差异很分明。

表 7-17 脂肪酸合成与分解的主要区别

区别点	从头合成	分解（β- 氧化）
反应最活跃时期	高糖膳食后	饥饿
刺激激素	胰岛素 / 胰高血糖素高比值	胰岛素 / 胰高血糖素低比值
主要组织定位	肝为主	肌肉、肝
细胞中发生部位	细胞质	线粒体
主要代谢原料	乙酰 CoA	脂肪酸
主要代谢过程	第一步：丙二酰 CoA 的合成 第二步：脂肪酸合成	第一步：脂肪酸的跨膜运输 第二步：脂肪酸的 β- 氧化
反应方向	从 ω 位到羧基	从羧基端开始降解
循环次数	7 次	7 次
能量需求	消耗 ATP 和 $NADPH+H^+$	产生 $FADH_2$ 和 $NADH+H^+$
发生的前提条件	ADP/ATP 比值降低时	ADP/ATP 比值升高时

区别点	从头合成	分解（β-氧化）
酰基载体	ACP-SH	CoA-SH
二碳片段的加入与裂解方式	丙二酰单酰 CoA	乙酰 CoA
电子供体或受体	NADPH	FAD、NAD⁺
酶系	7 种酶和一个蛋白质组成复合物	4 种酶
原料转运方式（转移载体）	柠檬酸转运系统	肉碱穿梭系统
羟脂酰化合物的中间构型	D- 型	L- 型
对二氧化碳和柠檬酸的需求	需要	不需要
限速酶（关键酶）	乙酰 CoA 羧化酶	肉碱脂酰转移酶 I
激活剂	柠檬酸	无
抑制剂	脂酰 CoA（抑制乙酰 CoA 羧化酶）	丙二酸单酰 CoA（抑制肉碱脂酰基转移酶）
反应产物	软脂酸	乙酰辅酶 A

脂肪酸合成的调节

多种激素代谢物，脂酸合成可调控。

表 7-18 脂肪酸合成的调节

因素	调节	主要机制
代谢物的调节		
高脂膳食	抑制	乙酰 CoA 羧化酶受抑制
饥饿	抑制	乙酰 CoA 羧化酶受抑制
高糖膳食	增强	乙酰 CoA 羧化酶等激活
激素的调节		
胰岛素	增强	乙酰 CoA 羧化酶等激活
胰高血糖素	抑制	乙酰 CoA 羧化酶等受抑制
肾上腺素	抑制	乙酰 CoA 羧化酶等受抑制
生长素	抑制	乙酰 CoA 羧化酶等受抑制

不同组织合成三酰甘油的特点

三酰甘油之合成，不同组织有差异。多种组织可进行，主要部位有三处：
小肠黏膜肝与脂。合成途径各不同，生理功能有差异。

表 7-19 不同组织合成三酰甘油的特点

组织	小肠黏膜上皮细胞		肝	脂肪组织
	进餐后	空腹		
合成途径	单酰甘油途径	二酰甘油途径	二酰甘油途径	二酰甘油途径
3-磷酸甘油可否来源糖代谢	否	可	可	可
甘油再利用	否	可	可	否
主要中间产物	二酰甘油	磷脂酸	磷脂酸	磷脂酸
三酰甘油可否贮存	否	否	否	可
动员或分泌形式	乳糜微粒	极低密度脂蛋白	极低密度脂蛋白	游离脂肪酸+甘油
生理功能	合成外源性三酰甘油	合成内源性三酰甘油	合成内源性三酰甘油	贮存三酰甘油，机体需要时可分解释放供组织利用

注释：肝、脂肪组织和小肠是人体内合成三酰甘油的主要场所，其合成过程各具特点。

四、磷脂代谢

常见的甘油磷脂

甘油磷脂有数种，结构代谢不相同。

表 7-20 常见甘油磷脂的比较

取代基	名称	合成方式	取代基提供	中间产物
H	磷脂酸			3-磷酸甘油
胆碱	磷脂酰胆碱（卵磷脂）	二酰甘油合成途径	CDP-胆碱	1,2-二酰甘油
乙醇胺	磷脂酰乙醇胺（脑磷脂）	二酰甘油合成途径	CDP-乙醇胺	1,2-二酰甘油
甘油	磷脂酰甘油			
丝氨酸	磷脂酰丝氨酸	CDP-二酰甘油合成途径	丝氨酸	CDP-二酰甘油
磷脂酰甘油	二磷脂酰甘油（心磷脂）	CDP-二酰甘油合成途径	磷脂酰甘油	CDP-二酰甘油
肌醇	磷脂酰肌醇	CDP-二酰甘油合成途径	肌醇	CDP-二酰甘油

磷脂的生理功能

磷脂参构生物膜，神经髓鞘亦构成，参与小肠吸脂质，信号转导也参与，
血浆蛋白之组合，缩醛磷脂在脑心。

表 7-21 磷脂在体内的生理功能

生理功能	说明
构成生物膜的重要成分	① 卵磷脂是组成细胞膜最丰富的磷脂之一 ② 心磷脂是构成线粒体膜的主要脂质
参与细胞跨膜信号转导	磷脂酰肌醇是第二信使（二酰甘油和三磷酸肌醇）的前体
缩醛磷脂存在于脑和心肌组织中	缩醛磷脂缺乏可导致点状软骨发育不良等疾病
参与神经髓鞘的构成	神经鞘磷脂和卵磷脂在神经髓鞘中含量较高
作为血浆脂蛋白的组分	稳定血浆脂蛋白的结构
参与三酰甘油的吸收	磷脂参与三酰甘油从消化道至血液的吸收过程

甘油磷脂两条合成途径的比较

甘油磷脂之合成，合成途径有两种，合成过程有差别，终末产物不相同。

表 7-22 甘油磷脂两条合成途径的比较

	三酰甘油合成途径	CDP- 二酰甘油合成途径
磷脂酸水解	被磷脂酶水解	不被磷脂酶水解，由 CTP 供能生成活化的 CDP- 二酰甘油
重要中间产物	二酰甘油	CDP- 二酰甘油
取代基团的活化	需活化后才能进入磷脂合成途径	不需活化，直接进入磷脂合成途径
终产物	磷脂酰乙醇胺（脑磷脂）、磷脂酰胆碱（卵磷脂）、三酰甘油	二磷脂酰甘油（心磷脂）、磷脂酰丝氨酸、磷脂酰肌醇

五、胆固醇代谢

胆固醇的功能

调节脂蛋白代谢，胞膜重要之组分，合成类固醇激素，胆汁酸盐亦形成。

表 7-23 机体内胆固醇的生理功能

生理功能	说明
构成细胞膜	胆固醇是构成细胞膜的重要组成成分，对维持细胞膜的流动性和正常功能具有重要作用
转变成胆汁酸盐	在肝，胆固醇可转化成胆汁酸盐，协助脂类物质的乳化、消化与吸收
合成类固醇激素	胆固醇是合成皮质醇、醛固酮、睾丸酮、雌二醇、孕酮及维生素 D_3 等类固醇激素的前体物质
调节脂蛋白代谢	胆固醇参与脂蛋白组成，引起血浆脂蛋白关键酶活性的改变，调节血浆脂蛋白代谢

细胞内的胆固醇

细胞内的胆固醇，可维自身之平衡。

表 7-24 细胞内游离胆固醇的生理作用——维持细胞内胆固醇平衡

LDL 受体的作用	说明
抑制内质网 HMG-CoA 还原酶活性	抑制细胞本身的胆固醇合成
从转录水平抑制 LDL 受体蛋白的合成	减少细胞对 LDL 的进一步摄取
激活内质网脂酰 CoA 胆固醇酰基转移酶（ACAT）活性	使游离胆固醇转变成胆固醇脂储存在胞质中

人体内胆固醇的来源及去路

来自自身和食物，至少可有六去路。

表 7-25 人体内胆固醇的来源及去路

来源	去路
① 从食物中摄取 ② 机体细胞自身合成	① 用于构成细胞膜 ② 转化为胆汁酸（肝），由肠道排出 ③ 转化为性激素（性腺） ④ 转化为肾上腺皮质激素（肾上腺皮质） ⑤ 转化为维生素 D_3（皮肤） ⑥ 脂化为胆固醇酯，储存在细胞质中

胆固醇的合成

合成原料乙酰 A，合成过程三阶段：甲羟戊酸一阶段，然后缩合成鲨烯，再经内质网加工，最后转为胆固醇。

表 7-26　胆固醇合成

步骤	反应	酶
1	2 分子乙酰 CoA →乙酰乙酰 CoA+HSCoA	乙酰乙酰硫解酶
2	乙酰乙酰 CoA+ 乙酰 CoA ⇌羟甲基戊二酸单酰 CoA（HMG-CoA）	羟甲基戊二酸单酰 CoA 合酶 (HMG-CoA 合酶)
3	HMG-CoA+NADPH+H⁺ →甲羟戊酸 +NADP⁺	羟甲基戊二酸单酰 CoA 还原酶（HMG-CoA 还原酶）（限速酶）
4	甲羟戊酸 +ATP ⇌ 5 碳焦磷酸化合物	一系列酶
5	3 分子 5 碳焦磷酸化合物→焦磷酸法尼酯	一系列酶
6	2 分子焦磷酸法尼酯→鲨烯	鲨烯合酶
7	鲨烯→羊毛固醇	加单氧酶、环化酶等
8	羊毛固醇→胆固醇	

胆固醇合成的特点

合成部位很广泛，"三高合成"耗原料，合成步骤三阶段：先产甲羟戊二酸，接着鲨烯来生成，最后生成胆固醇。

表 7-27　胆固醇合成的特点

合成特点	说明
合成部位广泛	成年动物除脑组织及成熟红细胞外，其他组织均能合成胆固醇
合成原料多	"三高合成"
耗能多	消耗 36 分子 ATP（由线粒体的糖氧化供能）
耗料多	消耗 18 分子乙酰 CoA（由线粒体的糖氧化提供）
耗氢多	消耗 16 分子 NADPH+H⁺（由胞质中磷酸戊糖途径提供）
合成步骤多	共 30 步生化反应
第一阶段	甲羟戊酸的生成，HMG-CoA 还原酶是限速酶
第二阶段	鲨烯（30C）的生成
第三阶段	胆固醇（27C）的合成

脂肪酸合成与胆固醇合成的比较

脂酸胆固醇合成，既有相异亦相同。

表 7-28　脂肪酸合成与胆固醇合成的比较

	脂肪酸合成	胆固醇合成
不同点		
亚细胞部位	胞质中	胞质和内质网中
关键酶	HMG-CoA 合酶	HMG-CoA 还原酶
相同点		
主要器官	都是肝	
合成原料	都是乙酰 CoA 和 NADPH+H$^+$	
原料来源	都来自糖代谢，所需乙酰 CoA 都是在线粒体内生成，通过同一种机制——柠檬酸 - 丙酮酸循环转运到胞质	

胆固醇合成的调节

固醇合成可调控，调节因素有五种。

表 7-29　胆固醇合成的调节

调节因素	合成增加	合成减少
HMG-CoA 还原酶活性变化	增高	降低
昼夜变化	午夜合成最多	正午合成最少
激素影响	胰岛素增加、甲状腺激素增加 *	胰高血糖素增加、糖皮质激素增加
饮食因素	饱食促进合成	饥饿、禁食导致合成减少
反馈调节		胆固醇自身的负反馈作用

注释：* 甲状腺激素虽可促进胆固醇合成增加，但又促进胆固醇转化为胆汁酸，其作用较强，故甲状腺激素增加时，体内胆固醇含量反而下降。

胆固醇的转化

转变成为胆汁酸，转为脱氢胆固醇，转为类固醇激素：皮质激素雄雌孕。

表 7-30　胆固醇的转化

胆固醇的转化	器官或组织	转化的产物
转变为胆汁酸	肝	胆固醇转化为胆汁酸是胆固醇在体内代谢的主要途径，胆汁酸随胆汁排入肠道
转化为 7- 脱氢胆固醇	皮肤	7- 脱氢胆固醇经紫外线照射转变为维生素 D$_3$
转化为类固醇激素	肾上腺皮质球状带	醛固酮
	肾上腺皮质束状带	皮质醇
	肾上腺皮质网状带	雄激素
	睾丸间质细胞	睾丸酮
	卵巢内膜细胞及黄体	雌二醇、孕酮

降低血浆胆固醇水平的措施

降低血浆胆固醇，具体措施有三种：
促进转化及排泄，限制摄取及合成。

表 7-31 降低血浆胆固醇水平的措施

措施	说明
限制胆固醇的摄入量	可以轻度降低血浆胆固醇水平
减少机体自身胆固醇的合成	HMG-CoA 还原酶是胆固醇生物合成的限速酶，某些药物（如洛伐他汀等）可抑制该酶的活性，使体内胆固醇合成减少
促进胆固醇代谢转化及排泄	胆固醇主要在肝转化为胆汁酸。某些药物（如阴离子交换树脂消胆胺等）能促进胆汁的排泄，还能抑制肠道对胆固醇的吸收

主要脂类物质代谢的比较

几种主要脂类物，代谢活动不相同。

表 7-32 主要脂类物质代谢的比较

脂类物质	合成部位	合成原料	分解部位	分解产物
三酰甘油	肝、脂肪、小肠	甘油、脂肪酸	脂肪组织	游离脂肪酸、甘油
脂肪酸	肝、肾、脑、肺、乳腺脂肪（线粒体外胞质）	乙酰 CoA	除脑外的组织，肝、肌肉最活跃	CO_2+H_2O+ATP
胆固醇	肝、小肠	乙酰 CoA	转化部位不定	胆汁酸、类固醇激素、7-脱氢胆固醇
甘油磷脂	全身细胞内质网、肝、肾、肠最活跃	脂肪酸、甘油、胆碱、磷酸盐、丝氨酸	全身组织	随磷脂酶种类而定
N-鞘磷脂	全身细胞内质网，脑最活跃	软脂酰 CoA、丝氨酸	脑、肝、肾、脾细胞的溶酶体	磷酸胆碱、N-脂酰鞘氨醇

六、血浆脂蛋白代谢

血浆脂蛋白的分类

血浆脂蛋白分类，根据电泳与离心，
每种分为四类型，相互之间可对应。

表 7-33 血浆脂蛋白的两种分类方法

分类方法	电泳法	超速离心法
分类原理	根据不同脂蛋白的表面电荷不同，在电泳中具有不同的迁移率，从而将其相互分离开来	根据不同的血浆脂蛋白含脂质及蛋白质量不同，在一定密度的电解质溶液中具有不同的漂浮力而分类
种类及二者间的对应关系	乳糜微粒（CM） β-脂蛋白 前β-脂蛋白 α-脂蛋白	乳糜微粒（CM） 极低密度脂蛋白（VLDL） 低密度脂蛋白（LDL） 高密度脂蛋白（HDL）

载脂蛋白的主要功能

结合脂质并运载，识别脂蛋白受体，调节相关酶活性，脂质交换亦参与。

表 7-34 载脂蛋白的主要功能

功能	说明
结合和转运脂质	载脂蛋白在血浆中起运载脂质的作用
能识别脂蛋白的受体	如 apoB100 和 apoE 能识别 LDH 受体，apoA I 能识别 HDL 受体
调节血浆脂蛋白代谢酶活性	如 apoC II 能激活 LPL，apoA I 能激活 LCAT，apoC III 能抑制 LPL
参与脂蛋白向脂质交换	脂质交换蛋白包括： ① 胆固醇酯转移蛋白：促进胆固醇从 HDL 转移至 VLDL、LDL 及 IDL ② 磷脂转运蛋白：促进磷脂从 CM 和 VLDL 转移至 HDL

参与脂蛋白代谢的受体和转运蛋白

多种受体和蛋白，参与脂蛋白代谢，分布部位不相同，生理功能有差别。

表 7-35 参与脂蛋白代谢的受体和转运蛋白

名称	分布	生理功能
LDL 受体（ApoB、E 受体）	主要在肝	将含有 ApoB、E 的脂蛋白吸附、内吞，调节细胞内胆固醇平衡
CM 残粒受体	肝细胞	将 CM 残粒、VLDL 吸附、内吞，清除血浆胆固醇
清道夫受体	巨噬细胞	将修饰的 LDL 内吞
HDL 受体	肝细胞、肾上腺皮质细胞	清除 HDL
VLDL 受体	巨噬细胞	吸附、内吞 VLDL

续表

名称	分布	生理功能
胆固醇脂转运蛋白（CETP），又称为脂质转运蛋白（LTP）	肝	促进蛋白质间的脂质转运

脂蛋白代谢关键酶

参与脂蛋白代谢，关键之酶有三种，
性质结构有差异，作用功能不相同。

表 7-36　脂蛋白代谢关键酶的性质、分布及功能

	脂蛋白酯酶（LPL）	肝酯酶（HL）	卵磷脂 - 胆固醇酰基转移酶（LCAT）
底物	CM-TG、VLDL-TG	VLDL、LDL 及 HDL-TG	HDL- 卵磷脂、胆固醇
最适 pH	7.5 ～ 9.0	7.5 ～ 9.0	7.4
分布	肝外组织，脂肪、心肌、肺、乳腺等	肝实质细胞合成，转运到肝窦内皮细胞	肝实质细胞合成，分泌入血
作用部位	毛细血管内皮细胞表面	肝窦内皮细胞表面	血浆
激活剂	apoC Ⅱ	不需要 apoC Ⅱ	apoA Ⅰ
性质	被 FFA、鱼精蛋白、1mol/L NaCl、apoC Ⅲ 抑制	不被 1mol/L NaCl、鱼精蛋白及 apoC Ⅲ 抑制	—
结构	由 448 个氨基酸构成，分子量 61kD	由 476 个氨基酸构成，分子量 51kD	由 416 个氨基酸构成，分子量 61kD
基因	长 30kb，含 10 个外显子，11 个内含子	—	含 6 个外显子，5 个内含子，mRNA 长 1550b
染色体定位	8 号染色体	15 号染色体	$16q^{22}$
功能	催化 CM、VLDL 内核 TG 水解，生成的 FFA 供肝外组织利用	催化 HDL 内核 TG 水解，使 HDL_2 转变为 HDL_3；催化 IDL 内核 TG 水解，使 IDL 转变为 LDL	促进新生 HDL 成熟，转变为 HDL_2，后者促进胆固醇逆向转运

注释：FFA 为游离脂肪酸。

血脂动态

食物吸收脂动员，糖类蛋白也可转。
构成组织贮体脂，氧化供能主肌肝。

表 7-37 血脂的来源及去路

来源	去路
① 食物消化吸收 ② 糖类等转变成脂 ③ 脂质分解	① 氧化供能 ② 构成生物膜 ③ 储存，供以后利用 ④ 转变成其他物质

高脂血症分型

高脂血症分五型，血脂变化不相同。

高脂血症有危害，易患动脉硬化症。

表 7-38 高脂血症分型

分型	血浆脂蛋白变化	血脂变化
I	CM 增加	三酰甘油↑↑↑，胆固醇↑
IIa	LDL 增加	胆固醇↑↑
IIb	LDL、VLDL 同时增加	胆固醇↑↑，三酰甘油↑↑
III	IDL 增加（电泳出现β带）	胆固醇↑↑，三酰甘油↑↑
IV	VLDL 增加	三酰甘油↑↑↑
V	VLDL、CM 同时增加	三酰甘油↑↑↑，胆固醇↑

第八章 生 物 氧 化

一、概述

🖋 生物氧化的特点

氧化分解在机体，底物酶链氧分子，生成 CO_2 水能量，能量转为 ATP。

表 8-1 体内、外物质氧化特点

项目	生物氧化	体外燃烧
反应条件	在近中性、37℃的水溶液中进行，需酶催化	高温燃烧，不需酶催化
CO_2 产生方式	有机酸脱羧	C 与 O_2 直接反应
H_2O 产生方式	H 与 O_2 间接反应	H 与 O_2 直接反应
释能形式	逐步释能，大部分用于形成高能化合物	以光和热的形式瞬间释出
相同点	① 耗氧量相同 ② 终产物相同 ③ 释放的能量相同	

🖋 生物氧化的方式

生物氧化三方式：加氧脱氢脱电子。

表 8-2 生物氧化的方式

方式	机制	举例
加氧反应	向底物分子中直接加入氧原子或氧分子，包括加单氧反应及加双氧反应	苯丙氨酸 +[O] $\xrightarrow{苯丙氨酸羟化酶}$ 酪氨酸
脱氢反应	从底物分子上脱下一对氢原子	① 直接脱氢 $\begin{array}{c}COOH\\|\\CH\text{-}OH\\|\\CH_3\end{array}$+NAD$^+$ $\xrightarrow{LDH}$ $\begin{array}{c}COOH\\|\\C\text{=}O\\|\\CH_3\end{array}$+NADH+H$^+$ 乳酸 　　　　丙酮酸 ② 加水脱氢 苯甲醛 +FAD+H_2O $\xrightarrow{醛氧化酶}$ 苯甲酸 +FADH$_2$
脱电子反应	从底物分子上脱下一个电子	Cyt-Fe^{2+} $\underset{+e（还原）}{\overset{-e（氧化）}{\rightleftharpoons}}$ Cyt-Fe^{3+}

参与生物氧化的酶系

生物氧化多酶系，胞内定位有差异。

表 8-3　参与生物氧化的酶系

酶系	细胞内定位	反应式及举例
加单氧酶系（混合功能氧化酶、羟化酶）	微粒体（滑面内质网）	$RH+O_2+NADPH+H^+ \rightarrow ROH+NADP^++H_2O$ （如烃类的氧化）
单胺氧化酶系	线粒体	$RCH_2NH_2+O_2+H_2O \rightarrow RCHO+NH_3+H_2O_2$ （如单胺氧化酶催化组胺的氧化）
脱氢酶系	胞质、线粒体	$RCH_2OH+NAD^+ \rightarrow RCHO+NADH+H^+ \rightarrow RCOOH$ （如醇脱氢酶及醛脱氢酶催化的反应）

线粒体

线粒体是发电厂，外膜内膜膜间隙，基质囊腔在中央，含有多酶复合体。

表 8-4　线粒体的组成和成分

组成	成分
外膜	膜孔蛋白（增加代谢底物通透性的一种转运蛋白）
膜间隙	氢离子
内膜（折叠成嵴）	电子传递链（NADH 脱氢酶、琥珀酸脱氢酶、辅酶 Q- 细胞色素 C 氧化还原酶、细胞色素氧化酶） ATP 合成酶（位于基粒上） ATP-ADP 易位子（将 ADP 转运入基质，将 ATP 转运出基质）
基质囊腔	三羧酸循环（TAC）酶类（除去琥珀酸脱氢酶） 脂肪酸 β- 氧化酶 氨基酸氧化酶 丙酮酸脱氢酶复合体 氨甲酰磷酸合成酶 I 鸟氨酸羧基转移酶（部分尿素循环） DNA、mRNA、tRNA、rRNA 含钙离子和镁离子的颗粒

注释：NADH，还原性烟酰胺腺嘌呤二核苷酸；mRNA，信使 RNA；rRNA，核糖体 RNA；tRNA，转运 RNA。

NADH 与 NADPH 的比较

NADH 与 NADPH，来源功能有差异。

表 8-5   NADH 与 NADPH 的比较

	NADH	NADPH
来源	体内大多由糖、脂等代谢氧化脱氢生成	葡萄糖的磷酸戊糖途径氧化脱氢生成
功能	大多在线粒体中经呼吸链氧化磷酸化生成 ATP	① 还原性的生物合成，如胆固醇等的合成 ② 用于微粒中羟基化合物的生成 ③ 核苷酸还原转变成脱氧核苷酸 ④ 维持 GSH 的还原状态 ⑤ 甲状腺激素合成时也消耗

体内生成 NADH 的反应

NADH 在体内，生成反应有五种。

表 8-6   体内常见生成 NADH 的反应

反应	部位
α- 酮戊二酸 +CoA+NAD$^+$ →琥珀酰 CoA+NADH+CO$_2$	线粒体
苹果酸 + NAD$^+$ →草酰乙酸 + NADH	线粒体
丙酮酸 +CoA+ NAD$^+$ →乙酰 CoA+NADH+CO$_2$	线粒体
3- 磷酸甘油醛 + 磷酸 + NAD$^+$ → 1,3- 二磷酸甘油酸 +NADH	细胞质
乳酸 + NAD$^+$ →丙酮酸 +NADH	细胞质

二、氧化呼吸链

呼吸链的组成及作用

辅酶Ⅰ Ⅱ黄酶系，细胞色素 abc。逐级传递氢电子，中间渐放 ATP，氧化都在细胞器，主要部位线粒体。

表 8-7   呼吸链组成成分和基本作用

组成成分	存在状态	含有辅基	作用
NAD$^+$/NADH	脱氢酶的辅酶，可游离		为呼吸链提供氢
铁硫蛋白	多种复合体的组分	Fe-S	传递电子
NADH 脱氢酶 （黄素蛋白）	多亚基结合为复合体Ⅰ，线粒体内膜	FMN, Fe-S	NADH+H$^+$+Q → QH$_2$+NAD$^+$
琥珀酸脱氢酶 （黄素蛋白）	多亚基结合为复合体Ⅱ，线粒体内膜	FAD, Fe-S	琥珀酸 +Q → QH$_2$+ 延胡索酸

续表

组成成分	存在状态	含有辅基	作用
泛醌（Q），辅酶 Q（CoQ）	独立存在于线粒体内膜		黄素蛋白和细胞色素之间的电子传递
Q-Cyt c 氧化还原酶	复合体Ⅲ（Cyt b,Cyt c_1，铁硫蛋白），线粒体内膜	血红素，Fe-S	$QH_2 + 2Cyt\ c\ (Fe^{3+}) \rightarrow Q + 2Cyt\ c(Fe^{2+}) + 2H^+$
Cyt c	独立存在于线粒体内膜外侧	血红素	将复合体Ⅲ电子传递至复合体Ⅳ
Cyt 氧化酶	复合体Ⅳ（Cyt a，Cyt a_3 等），线粒体内膜	血红素，Cu	$2Cyt\ c(Fe^{2+}) + 1/2O_2 + 2H^+ \rightarrow H_2O + 2Cyt\ c(Fe^{3+})$

体内两条主要的呼吸链

体内呼吸链两条，一条长来一条短，长生 ATP 三个，短生 ATP 两个。

表 8-8　体内两条重要呼吸链的比较

	NADH 氧化呼吸链	琥珀酸氧化呼吸链（$FADH_2$ 氧化呼吸链）
组成	复合体Ⅰ、Ⅲ、Ⅳ	复合体Ⅱ、Ⅲ、Ⅳ
脱氢酶的辅酶	NAD^+	FAD
电子传递途径	$NADH + H^+ \rightarrow$ 复合体Ⅰ $\rightarrow$ CoQ $\rightarrow$ 复合体Ⅲ $\rightarrow$ Cyt c $\rightarrow$ 复合体Ⅳ $\rightarrow O_2$	琥珀酸 $\rightarrow$ 复合体Ⅱ $\rightarrow$ CoQ $\rightarrow$ 复合体Ⅲ $\rightarrow$ Cyt c $\rightarrow$ 复合体Ⅳ $\rightarrow O_2$
呼吸链长度	较长	较短
P/O 比值	3	2
释放能量	较多（能生成 3 个 ATP）	较少（能生成 2 个 ATP）
偶联部位	3 个	2 个
功能	传递丙酮酸、异柠檬酸、苹果酸、乳酸等脱下的氢	传递琥珀酸、脂酰 CoA 和 α- 磷酸甘油等脱下的氢

人线粒体呼吸链复合体

呼吸链是复合体，ⅠⅡⅢⅣ共四种。

还有细胞色素 C，能够递氢递电子。

最后将氢递给氧，逐步产生 ATP。

复合体中ⅠⅢⅣ，才可产生 ATP。

表 8-9 氧化呼吸链中各组分的功能特点

呼吸链成分	作用	复合体的质子泵功能	传递 2H 时跨内膜泵出质子数
复合体 I	将 NADH+H$^+$ 中的电子传递给泛醌	有	4 个
复合体 II	将电子从琥珀酸传递给泛醌	无	
泛醌	内膜中可移动电子载体，从复合体 I 、 II 募集还原当量和电子并传递到复合体 III		
复合体 III	将电子从还原型泛醌传递给细胞色素 c	有	4 个
细胞色素 c	内膜外周蛋白，将从细胞色素 c1 获得的电子传递到复合体 IV		
复合体 IV	将电子从细胞色素 c 传递给氧	有	4 个

三、氧化磷酸化

氧化磷酸化的过程

三羧循环线粒体，脱下质子基质中，
呼吸链传递电子，驱动质子跨膜流，
膜间腔中质子浓，质子回流到基质，
驱动 ATP 合酶，大量生成 ATP。

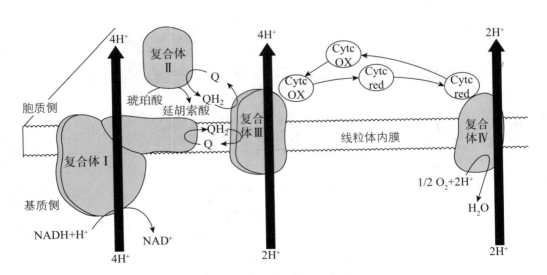

图 8-1 氧化呼吸链中四种复合体的定位和功能示意图

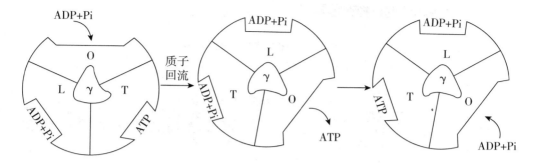

图 8-2 ATP 合酶的工作机制

三个 β 亚基构象不同：O 开放型，L 疏松型，T 紧密结合型
质子回流驱动构象相互转化，轮子循环一周生成 3 分子 ATP
推测约需 3 个质子穿线粒体内膜回流进基质能生成 1 分子 ATP

ATP 在能量代谢中起核心作用

能量代谢在体内，ATP 处中心位，能量生成及利用，储存转换均有为。

表 8-10 ATP 参与能量代谢的环节

参与环节	ATP 作用
参与能量的生成	底物水平磷酸化和氧化磷酸化，都以生成高能物质 ATP 最为重要
参与能量的利用	绝大多数的合成反应需要 ATP 直接供能。一些生理功能活动，如肌肉收缩、分泌吸收、神经传导和维持体温等，也需 ATP 参与
参与能量的储存	由 ATP 和肌酸生成磷酸肌酸储存能量，需要时再转换成 ATP
参与能量的转换	在相应酶的催化下，ATP 可供其他二磷酸核苷酸转变成三磷酸核苷，参与有关反应

注释：ATP 在生物体内能量代谢中处于中心地位。

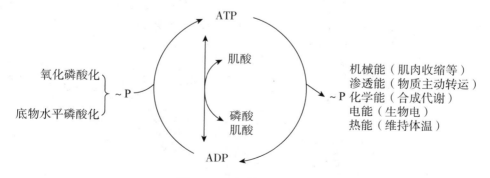

图 8-3 ATP 的生成和利用

四、影响氧化磷酸化的因素

影响氧化磷酸化的因素

氧化磷酸化反应，影响因素分四种。

表 8-11 影响氧化磷酸化的因素

影响因素	说明
ADP 和 ATP 的调节（体内能量状态）	① ADP/ATP 比值增加，氧化磷酸化过程增快 ② ADP/ATP 比值降低，氧化磷酸化过程减慢 ADP 是调节正常人体氧化磷酸化速率的主要因素
甲状腺激素的调节	① 甲状腺激素激活细胞膜上 Na⁺-K⁺-ATP 酶，使 ATP 水解增快，ADP 增多，促进氧化磷酸化 ② 甲状腺激素诱导解偶联蛋白基因表达，引起氧化释能和产热比率增加，ATP 合成减少
线粒体 DNA 突变	线粒体 DNA 突变可影响氧化磷酸化的功能，使 ATP 生成减少而致病
氧化磷酸化抑制剂	
呼吸链抑制剂	① 异戊巴比妥和鱼藤酮等可抑制或切断由 NADH 脱氢酶氧化底物产生的氢进入呼吸链 ② 抗霉素 A 抑制电子从 Cyt b 向 Cyt c 的传递 ③ H_2S、CO 和 CN^- 抑制细胞色素氧化酶，使电子不能传递给氧
解偶联剂	2, 4 二硝基酚抑制 ADP 磷酸化生成 ATP，使氧化产生的能量以自由能形式释放
ATP 合酶抑制剂	寡霉素等可与 ATP 合酶亚基结合，阻滞 H^+ 的回流，使磷酸化过程受阻，从而抑制氧化磷酸化

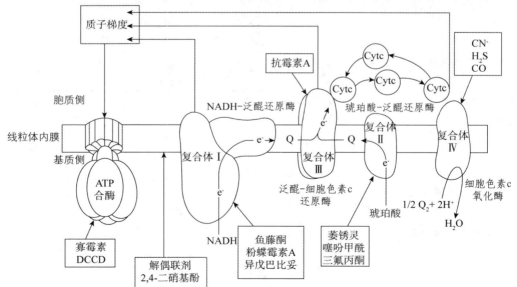

图 8-4 化学渗透假说示意图及各种抑制剂对电子传递链的影响

DCCD：二环己基碳二亚胺

底物水平磷酸化反应

底物水平磷酸化，常见反应有三处，反应不需消耗氧，就能生成ATP。

表8-12　底物水平磷酸化反应

代谢类型	反应过程	参与反应的酶
糖酵解	1，3-二磷酸甘油酸+ADP→3-磷酸甘油酸+ATP	磷酸甘油酸激酶
糖酵解	磷酸烯醇式丙酮酸+ADP→丙酮酸+ATP	丙酮酸激酶
三羧酸循环	琥珀酰CoA+GDP+Pi→琥珀酸+HS-CoA+GTP GTP+ADP→GDP+ATP	琥珀酰CoA合成酶

两种磷酸化作用的比较

底物水平磷酸化，生成一个ATP，底物释能不需氧，氧化磷酸化相异。

表8-13　两种磷酸化作用的比较

项目	底物水平磷酸化	氧化磷酸化
作用部位	胞质、线粒体	线粒体
对O_2的需求	不需氧	需氧
磷酸化的其他条件	底物、ADP、Pi	底物（$NADH+H^+$和$FADH_2$）、呼吸链、ADP、Pi
磷酸化作用的能量来源	来自底物分子中的能量	来自电子传递（氧化过程中释放的能量）质子梯度
每次反应生成ATP数	1个ATP	每个$NADH+H^+$被氧化可生成3个ATP，每个$FADH_2$被氧化可生成2个ATP

需氧脱氢酶与不需氧脱氢酶的比较

脱氢酶类分两种，两者相异又相同。

表8-14　需氧脱氢酶与不需氧脱氢酶的比较

	需氧脱氢酶	不需氧脱氢酶
不同点		
受氢体	氧	辅酶
辅基（辅酶）	黄素类FAD或FMN，有的还含有金属	有的是黄素类，有的是烟酰胺类
产物	一定会有H_2O_2	还原型辅酶
相同点	①都属于氧化还原酶类，催化底物脱去2H被氧化 ②发挥作用时都需要辅酶或辅基	

五、其他氧化与抗氧化体系

🌿 两类氧化体系

能否产生 ATP，可分两类氧化系。

表 8-15　两类氧化体系的比较

	生成 ATP 的氧化体系	不生成 ATP 的氧化体系
存在部位	线粒体	微粒体、过氧化物酶体等
ATP 生成	通过氧化磷酸化生成 ATP	不伴随氧化磷酸化，不能生成 ATP
作用	供能	主要与体内代谢物、药物和毒物的生物转化有关

🌿 机体中的抗氧化酶体系

抗氧酶系有多样，主要清除活性氧。

表 8-16　机体抗氧化酶体系的种类和功能

抗氧化酶	存在部位	结构特点	催化反应	生理功能
过氧化氢酶	过氧化酶体	辅基含血红素	$2H_2O_2 \rightarrow 2H_2O+O_2$	清除 H_2O_2
谷胱甘肽过氧化物酶		活性必需硒 (Se) 原子	$H_2O_2 + 2GSH \rightarrow 2H_2O + GS\text{-}SG$ $2GSH+R\text{-}O\text{-}OH \rightarrow GS\text{-}SG+H_2O +R\text{-}OH$	清除 H_2O_2 和过氧化物（R-O-OH）
超氧化物歧化酶（SOD）	胞外、胞质线粒体	Cu/Zn-SOD Mn-SOD	$2O_2^- +2H^+ \rightarrow H_2O_2+O_2$	
细胞色素 P_{450} 加单氧酶（混合功能氧化酶，羟化酶）	微粒体	含辅因子 Cyt P_{450}、NADPH、FAD、Fe-S	$RH+NADPH+H^++O_2 \rightarrow R\text{-}OH+NADP^++H_2O$	羟化反应，参与类固醇激素、胆汁酸及胆色素等生成及药物、毒物的生物转化

🌿 清除活性氧的化合物

多种化合物，能除自由基。

表 8-17　主要清除活性氧的化合物

化合物	作用物	机制
超氧化物歧化酶	O_2^-	歧化为 H_2O_2
过氧化氢酶	H_2O_2	酶解

续表

化合物	作用物	机制
谷胱甘肽过氧化物酶	H_2O_2	还原为 H_2O
别嘌醇	O_2^-	抑制黄嘌呤氧化酶，使之生成减少
钨	O_2^-	取代黄嘌呤氧化酶上的钼，使 O_2^- 生成减少
二甲基亚砜	OH^-	直接清除
甘露醇	OH^-	直接清除
氯普马嗪	OH^-	清除 OH^-，扩张血管
维生素 C、半胱氨酸	O_2^-、OH^-	亲水性抗氧化剂
维生素 E、维生素 A	O_2^-、OH^-	疏水性抗氧化剂
金	$^1O_2$	灭活

表 8-18 清除活性氧的反应

	辅助因子	底物	产物
超氧化物歧化酶（胞质）	Cu^{2+}、Zn^{2+}	$O_2^-+2H^+$	$H_2O_2+O_2$
超氧化物歧化酶（线粒体）	Mn^{2+}	$O_2^-+2H^+$	$H_2O_2+O_2$
谷胱甘肽过氧化物酶	硒	H_2O_2 或 ROOH 和 2GSH	H_2O 或 ROH+H_2O 和 GSSG

第九章　氨基酸代谢

一、蛋白质的生理功能和营养价值

体内蛋白质的生理功能

生长更新作原料，生命活动之载体，重要活动都参与，若被氧化可供能。

表 9-1　体内蛋白质的生理功能

生理功能	说明
维持细胞组织的生长、更新和修补	蛋白质是细胞组织的主要成分，参与构成各种细胞组织是蛋白质最重要的功能
参与多种重要生理活动，是整体生命活动的重要物质基础	蛋白质参与体内多种重要含氮物质（如酶、多肽类激素、神经递质、抗体等）的合成，它们都是调节代谢和维持正常生理功能的重要物质 蛋白质参与机体的各种生命活动，如代谢、肌肉收缩、血液凝固、物质运输等
氧化供能	成人每日约有 18% 的能量来自蛋白质

氮平衡的分类

氮平衡分三类型：正氮、负氮、总平衡。

表 9-2　氮平衡的分类

类型	氮平衡情况	体内蛋白质的代谢状况	举例
总氮平衡	摄入氮量＝排泄氮量	体内蛋白质的合成量与分解量相当	营养正常的成年人
正氮平衡	摄入氮量＞排泄氮量	体内蛋白质合成量大于分解量	儿童、孕妇及恢复期患者
负氮平衡	摄入氮量＜排泄氮量	体内蛋白质合成量小于分解量	营养不良及消耗性疾病患者

蛋白质的生理价值及互补作用

食物中的蛋白质，生理价值单用低，

如果适当混合食，蛋白互补可增值。

表 9-3　蛋白质的生理价值及互补作用

食　物	生理价值（蛋白质利用率 %）	
	单独食用	混合食用
玉米	60	73
小米	57	
大豆	64	
小麦	67	89
牛肉	69	

二、蛋白质的消化、吸收及腐败

概述

消化蛋白是酶系，激活之后起作用，
特异水解蛋白质，氨基酸是终产物。

表 9-4　消化蛋白酶原的激活

酶原	激活因子	激活途径
胃蛋白酶原	H$^+$ 或胃蛋白酶	胃蛋白酶 + 六肽
胰蛋白酶原	肠激酶、胰蛋白酶	胰蛋白酶 + 六肽
胰凝乳蛋白酶原	胰蛋白酶	胰凝乳蛋白酶 +2 个二肽
弹性蛋白酶原	胰蛋白酶	弹性蛋白酶 + 几个肽段
羧肽酶原	胰蛋白酶	羧肽酶 + 几个肽段

表 9-5　各类蛋白酶的特异性及其水解产物

酶名称	存在	特异性	产物
胃蛋白酶	胃	芳香族氨基酸及其他疏水氨基酸形成的肽键（NH$_2$ 端及 COOH 端）	多肽及少量氨基酸
胰蛋白酶	小肠	碱性氨基酸的羧基形成的肽键	以碱性氨基酸作为 C- 端的多肽和少量碱性氨基酸
糜蛋白酶	小肠	芳香族氨基酸及其他疏水氨基酸的羧基形成的肽键	以芳香族氨基酸作为羧基末端的多肽和少量芳香族氨基酸
弹性蛋白酶	小肠	脂肪族氨基酸的羧基形成的肽键	以脂肪族氨基酸作为羧基末端的多肽和少量脂肪族氨基酸
羧肽酶 A	小肠	肽链羧基末端的中性氨基酸的肽键	寡肽和中性氨基酸

续表

酶名称	存在	特异性	产物
羧肽酶 B	小肠	肽链羧基末端的碱性氨基酸的肽键	寡肽和碱性氨基酸
氨肽酶	小肠	氨基末端的肽键	寡肽和氨基酸
二肽酶			氨基酸

注释：寡肽的水解主要在小肠黏膜细胞内进行。小肠黏膜细胞的刷状缘及胞质中存在着寡肽酶（如氨肽酶及二肽酶）。氨肽酶从肽链的氨基末端逐个水解出氨基酸，最后生成二肽。二肽再经二肽酶水解，最终生成氨基酸。

肠道细菌对蛋白质的腐败作用

肠道细菌蛋白酶，腐败食物蛋白质。

表 9-6 肠道细菌对蛋白质的腐败作用

腐败作用产物	说明
胺类	肠道细菌的蛋白酶使蛋白质水解成氨基酸，后者经脱羧基作用产生胺类。如组氨酸脱羧生成组胺、赖氨酸脱羧生成尸胺、色氨酸脱羧生成色胺、酪氨酸脱羧生成酪胺
氨	① 未被吸收的氨基酸脱下氨基生成氨 ② 血液中的尿素渗入肠道，在肠菌尿素酶水解下生成氨
其他有害物质	还可生成苯酚、吲哚、甲基吲哚、硫化氢等
可被机体利用的物质	脂肪酸、B 族维生素

注释：正常情况下，上述有害物质大部分随粪便排出体外，只有小部分被吸收，经肝的代谢转变而解毒，故不会发生中毒现象。

三、氨基酸的一般代谢

氨基酸代谢概况

体内氨基酸代谢，来源有三去路五。

表 9-7 氨基酸代谢概况

氨基酸来源		氨基酸去路
① 食物蛋白质（消化吸收） ② 体内合成营养非必需氨基酸 ③ 组织蛋白分解	氨基酸代谢库	① 脱氨基→α- 酮酸→酮体、糖 ② 脱羧基→氨→尿素 ③ 合成组织蛋白质 ④ 合成其他含氮物质（嘌呤、嘧啶、肌酸、卟啉等） ⑤ 氧化供能（α- 酮酸）

参与体内氨基酸代谢的 B 族维生素

多种 B 族维生素，参与氨基酸代谢。

表9-8　参与体内氨基酸代谢的 B 族维生素

B 族维生素	在氨基酸代谢中的作用
维生素 B_6	组成磷酸吡哆醛辅酶形式，是氨基酸转氨酶和氨基酸脱羧酶的辅酶
维生素 B_{12}	转甲基酶的辅酶
叶酸	还原生成的四氢叶酸是一碳单位的载体，与氨基酸的碳骨架的代谢有关
维生素 B_1	与氨基酸的碳骨架的代谢有关
维生素 B_2	同维生素 B_1
维生素 PP	同维生素 B_1
泛酸	同维生素 B_1

真核细胞蛋白质降解的途径

蛋白质在真核 C，降解途径分两起，一种需要 ATP，另一不需 ATP。

表9-9　真核细胞内蛋白质降解的两条途径

	ATP 非依赖途径	ATP 依赖途径
降解的部位	溶酶体	蛋白酶体
参与降解的酶	组织蛋白酶	泛素化，需 3 种酶
是否消耗 ATP	否	是
降解的蛋白	主要降解细胞外来的蛋白质、膜蛋白和胞内长寿命蛋白质	主要降解异常蛋白质和短寿命蛋白质

几种脱氨基作用

脱氨方式有五种，特点意义各不同。

表9-10　几种脱氨基作用的比较

类别	特点	主要的酶（辅酶）	产物	反应部位	意义
氧化脱氨基作用	脱氨作用伴有氧化反应	① L- 谷氨酸脱氢酶（NAD^+ 或 $NADP^+$）	α- 酮戊二酸和 NH_3	肝、肾和脑中活性较强	彻底的脱氨作用
		② 氨基酸氧化酶（FAD）	α- 酮酸、H_2O_2	分布不广	不太重要

续表

类别	特点	主要的酶（辅酶）	产物	反应部位	意义
转氨基作用	氨基酸与α-酮酸反应，生成相应的新的氨基酸和α-酮酸	转氨酶或氨基转移酶（磷酸吡哆醛）：谷丙转氨酶（GPT）、谷草转氨酶（GOT）	新的α-氨基酸和α-酮酸	广泛分布	合成非必需氨基酸的主要途径，临床诊疗参考指标
联合脱氨基作用	转氨基作用偶联氧化脱氨基作用	转氨酶、L-谷氨酸脱氢酶	α-酮酸和NH_3	肝、肾	体内氨基酸的主要脱氨方式
嘌呤核苷酸循环脱氨基	转氨基作用与腺苷脱氨酶作用偶联	GOT、腺苷脱氨酶	次黄嘌呤核苷酸和氨	心肌、骨骼肌	骨骼肌和心肌的主要脱氨方式
非氧化脱氨基作用	脱水脱氨脱硫化氢脱氨直接脱氨	脱水酶、脱硫酶等	α-酮酸和NH_3	主要存在于微生物中，动物体亦有但不多	不如氧化脱氨和联合脱氨重要

α-酮酸的代谢

体内阿尔法（α-）酮酸，代谢途径分为三：酮酸经过氨基化，
只可生成氨基酸；转化生成糖或脂，氧化供能排第三。

表9-11　α-酮酸的代谢途径

代谢途径	说明
经氨基化生成非必需氨基酸	例如丙酮酸、草酰乙酸、α-酮戊二酸可分别转变成丙氨酸、天冬氨酸和谷氨酸
转变成糖及脂类 　生糖氨基酸	甘氨酸、丝氨酸、缬氨酸、组氨酸、精氨酸、半胱氨酸、脯氨酸、羟脯氨酸、丙氨酸、谷氨酸、谷氨酰胺，天冬氨酸、天冬酰胺、甲硫氨酸
生酮氨基酸	亮氨酸、赖氨酸
生糖兼生酮氨基酸	异亮氨酸、苯丙氨酸、酪氨酸、苏氨酸、色氨酸
氧化供能	α-酮酸经三羧酸循环与生物氧化体系彻底氧化成CO_2和水，同时释放能量供生理活动需要

四、氨的代谢

氨的代谢特点

氨酸脱氨肠菌产，肾脏分解来源三。谷氨酰胺和碱基，
生成尿素都在肝。肝衰氨高毒害脑，减来增去降血氨。

表 9-12　氨的代谢概况

氨的来源		氨的去路
① 肠道尿素分解 ② 组织中氨基酸脱氨 ③ 肠道蛋白质腐败 ④ 肾谷氨酰胺分解 ⑤ 胺类、嘌呤、嘧啶等含氮物质分解 ⑥ 服用的药物性胺类	氨的代谢库	① 合成尿素（主要的去路） ② 合成非必需氨基酸 ③ 合成其他含氮化合物（如嘌呤、嘧啶等） ④ 合成谷氨酰胺 ⑤ 直接从尿中排出

注释：氨的转运形式有 2 种，即丙氨酸 - 葡萄糖循环和谷氨酰胺。

尿素合成的鸟氨酸循环

（1）

鸟氨得氨成瓜氨，氨自氨甲磷酸来；瓜氨得氨成精氨，此氨转自天冬氨；
精氨排尿是解毒，变成鸟氨再循环。全部反应在肝脏，肝功受损氨中毒。

（2）

鸟氨循环"鸟瓜精"，生成尿素有大名。

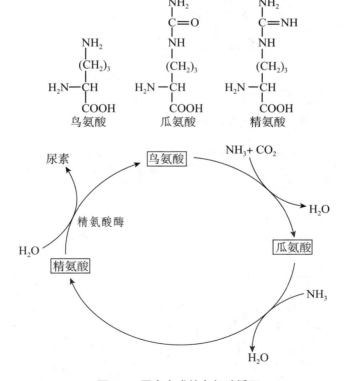

图 9-1　尿素合成的鸟氨酸循环

表 9-13 鸟氨酸循环反应

反应过程	酶	能量消耗
发生在线粒体的两步反应		
$HCO_3^- + NH_3 + 2ATP \rightarrow$ 氨甲酰磷酸 $+ 2ADP + P_i$	氨甲酰磷酸合成酶（关键酶）	2 个高能磷酸键
氨甲酰磷酸 + 鸟氨酸 → 瓜氨酸 $+ P_i$	鸟氨酸转氨甲酰酶	无
发生在细胞质中的三步反应		
瓜氨酸 + 天冬氨酸 $+ ATP \rightarrow$ 精氨酸代琥珀酸 $+ AMP + PP_i$	精氨酸代琥珀酸合成酶（限速酶）	2 个高能磷酸键
精氨琥珀酸 → 精氨酸 + 延胡索酸	精氨琥珀酸裂解酶	无
精氨酸 → 鸟氨酸 + 尿素	精氨酸酶	无

表 9-14 尿素代谢（鸟氨酸循环）的特点

特点	说明
二个反应部位	肝线粒体 + 胞质
二个限速酶	氨甲酰磷酸合成酶 I（CPS-I）、精氨酸代琥珀酸合成酶
二个氮原子来源	一个来自线粒体中游离的 NH_3，另一个来自胞质中的天冬氨酸
三个重要中间产物	鸟氨酸、瓜氨酸、精氨酸
三个 ATP 的消耗	尿素合成是个耗能过程
四个高能磷酸键	每合成一分子尿素消耗 4 个高能磷酸键

尿素合成的意义

氨在体内有毒性，合成尿素去毒性，合成部位在肝脏。肝脏功能受损时，合成尿素能力低，血氨增高可昏迷。

表 9-15 尿素的合成、意义及其与临床的联系

项目	说明
合成意义	尿素是蛋白质分解代谢的最终无毒产物。尿素的生成是体内氨代谢的主要途径，约占尿排出总氮量的 80%。尿素的生成实质上是机体对氨的一种解毒方式
合成器官	肝细胞的胞质和线粒体
合成原料	NH_3 和 CO_2
限速酶	精氨酸代琥珀酸合成酶
尿素合成受阻的后果	当肝功能严重损伤时，尿素合成受阻，血氨浓度升高，称为高血氨症，可导致氨中毒甚至肝性脑病
氨中毒与肝性脑病的关系	严重肝硬化 → 肝功能 ↓ → 肝合成尿素能力 ↓ → 血氨 ↑ → 氨中毒 → 大量氨入脑 → 谷氨酸及 α-酮戊二酸与氨结合以解氨毒 → 脑中 α-酮戊二酸 ↓ → 脑中三羧酸循环障碍 → 脑的能量供应不足 → 脑功能障碍 → 昏迷（肝性脑病）

尿素合成的调节

尿素合成可受调，可能增加或减少。

表 9-16 尿素合成的调节

	合成增加	合成减少
CPS-I 的调节	AGA 是 CPS-I 的变构激活剂 精氨酸是 AGA 合成酶的激活剂	
食物蛋白质的影响	高蛋白膳食	低蛋白膳食
尿素合成酶的影响	CPS-I 是关键酶 精氨酸代琥珀酸合成酶是尿素合成的限速酶	

注释：CPS-I 为氨甲酰磷酸合成酶-I，AGA 为 N- 乙酰谷氨酸。

氨基酸代谢中的三个循环

氨酸代谢三循环，各自意义不一般。

表 9-17 氨基酸代谢中三个循环的过程及意义

代谢循环	基本过程	生理意义
鸟氨酸循环	经鸟氨酸、瓜氨酸及精氨酸等步骤合成尿素后，又重新回到鸟氨酸的一种循环过程	不断地将体内有毒性的氨转变成尿素，达到解除氨毒的作用
丙氨酸 - 葡萄糖循环	将肌肉蛋白质分解的氨经丙酮酸转氨基生成丙氨酸后随血液转运到肝，丙氨酸在肝内经脱氨基生成丙酮酸和氨，丙酮酸经糖异生形成葡萄糖，而氨经鸟氨酸循环合成尿素，葡萄糖经血液循环回到肌肉，经酵解过程再生成丙酮酸	将肌肉中代谢产生的氨通过丙氨酸无毒形式转运到肝而合成尿素
甲硫氨酸循环	甲硫氨酸经 SAM、同型半胱氨酸等中间代谢，进而重新生成甲硫氨酸的循环过程	为体内甲基化反应提供活性甲基的供体（SAM）

五、个别氨基酸的代谢

氨基酸的脱羧基作用

一些氨基酸脱羧，活性物质生成多。

表 9-18　氨基酸的脱羧基作用

氨基酸	脱羧基后生成相应的胺类	功能
谷氨酸	γ- 氨基丁酸（GABA）	脑中 GABA 含量较多，是抑制性神经递质
半胱氨酸	牛磺酸	牛磺酸是结合型胆汁酸的组成成分，还有许多其他功能脑组织含有较多的牛磺酸，有重要的生理功能
组氨酸	组胺	组胺在体内分布广泛，主要存在于肥大细胞中，是一种强烈的血管舒张剂，增加毛细血管的通透性，还可刺激胃蛋白酶及胃酸的分泌
色氨酸	5- 羟色胺	5- 羟色胺广泛分布于体内各组织；脑内的 5- 羟色胺可作为神经递质，具有抑制作用；外周组织中的 5- 羟色胺有收缩血管的作用
酪氨酸	多巴胺	脑内的神经递质
	去甲肾上腺素	中枢和外周的神经递质
	肾上腺素	肾上腺髓质含量多，是重要的激素之一
精氨酸	多胺（精脒、精胺）	调节细胞生长

一碳单位存在的形式

一碳单位五类型，甲基甲烯甲酰基，亚氨甲基甲炔基，某些氨酸来产生。
一碳单位不游离，四氢叶酸是载体。

表 9-19　一碳单位存在的形式

一碳单位名称	结构	叶酸结合位点 *
甲基	—CH_3	N_5
甲烯基	—CH_2—	N_5 和 N_{10}
甲酰基	—CHO	N_{10}
甲炔基	—CH =	N_5 和 N_{10}
亚氨甲基	—CH = NH	N_5

注释：* 一碳单位不能游离存在，常与四氢叶酸结合而转运，四氢叶酸是一碳单位的运载体或代谢的辅酶，一碳单位通常结合于四氢叶酸的 N_5 或 N_{10} 位上。

含硫氨基酸参与合成的生物活性物质

体内含硫氨基酸，参与合成活性物。

表9-20　含硫氨基酸参与重要生理活性物质的合成

参与合成的重要生理活性物质	说明
肾上腺素	甲硫氨酸通过甲硫氨酸循环生成S-腺苷甲硫氨酸（SAM），可作为甲基供体，参与合成肾上腺素
肌酸	由SAM提供甲基、精氨酸提供脒基而合成，肌酸转变成磷酸肌酸，储存能量
牛磺酸	由半胱氨酸转变而来，是结合胆汁酸的成分
谷胱甘肽（GSH）	由半胱氨酸参与合成，是体内重要的还原剂
活性硫酸根（PAPS）	由含硫氨基酸转变而来，具有重要生理功能，如参与肝的生物转化，参与硫酸角质素及硫酸软骨素的合成

芳香族氨基酸代谢

苯丙氨酸酪氨酸，转化可成活性物。

如果代谢酶缺陷，相应疾病可光顾。

表9-21　芳香族氨基酸代谢

氨基酸	主要代谢酶	主要代谢中间产物	酶缺陷所致疾病
苯丙氨酸	苯丙氨酸羟化酶 转氨酶	酪氨酸 苯丙氨酸	苯丙酮尿症
酪氨酸	酪氨酸羟化酶 酪氨酸酶 酪氨酸转氨酶	多巴胺、去甲肾上腺素、肾上腺素 黑色素 尿黑酸、延胡索酸、乙酰乙酸	帕金森病 白化病 尿黑酸症
色氨酸	色氨酸加氧酶	一碳单位、丙酮酸、乙酰乙酰辅酶A、烟酸	

表9-22　酪氨酸（及苯丙氨酸）在体内可转变成的物质

可转变成的物质	生理作用
激素和神经递质：甲状腺激素、肾上腺素、多巴胺、去甲肾上腺素	调节机体生理功能
黑色素	在机体皮下有保护作用，避免受过多的紫外线穿透照射而受损伤
生糖兼生酮氨基酸	能转化成葡萄糖或酮体，可氧化供能或进一步转化为其他物质
合成蛋白质的原料	参与体内蛋白质的生物合成

支链氨基酸的代谢

支链氨酸有三种，能够生糖或生酮。

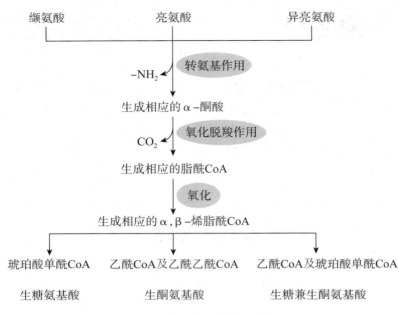

图 9-2　支链氨基酸代谢

氨基酸衍生物

氨基酸的衍生物，转化可成活性物。

表 9-23　氨基酸衍生的重要含氮化合物

氨基酸	转变产物	主要功能	其他参与成分
甘氨酸	嘌呤	核苷酸的成分	谷氨酰胺、天冬氨酸等
	肌酸	能量储备	精氨酸、SAM
	谷胱甘肽	重要还原剂、生物转化等	半胱氨酸、谷氨酸
	卟啉	合成血红素	琥珀酸单酰 CoA
	结合胆汁酸	脂质的消化吸收	游离胆汁酸
半胱氨酸	牛磺酸	生成结合胆汁酸	游离胆汁酸
	脱氨酸	甲硫氨酸	
	胆碱 / 鞘氨醇	磷脂成分	SAM/ 软脂酰 CoA
丝氨酸	甘氨酸	同甘氨酸	FH$_4$
天冬氨酸	嘧啶	核苷酸成分	谷氨酰胺、CO$_2$
谷氨酸	GABA	神经递质	

氨基酸	转变产物	主要功能	其他参与成分
组氨酸	组胺	血管舒张、胃液分泌	
色氨酸	5-HT	血管收缩、神经递质	
	褪黑激素	松果体激素	乙酰 CoA、SAM
	烟酸	合成 NAD (P)$^+$	ATP
酪氨酸	儿茶酚胺类	激素、神经递质	SAM
	甲状腺激素	促进生长发育，能量代谢	碘
	黑色素	皮肤毛发色素	
赖氨酸	肉碱	长链脂酰基转运	SAM
精氨酸	鸟氨酸	尿素合成	
		合成多胺，促进细胞增殖	SAM
	NO	信息分子	
甲硫氨酸	SAM	甲基化反应	ATP

第十章 核苷酸代谢

📖 **核苷酸的功能**

核苷酸的功能多，仔细数来有十个。

表 10-1 核苷酸的功能

核苷酸的功能	说明
参与核酸的组成	核苷酸是 DNA 和 RNA 的基本原料和组成部分
衍生物是许多生物合成过程中的活性中间物质	例如 UDP- 葡萄糖参与糖原、糖蛋白的合成，CDP- 胆碱等参与磷脂合成，S- 腺苷甲硫氨酸作为甲基的供体参与糖、嘌呤、嘧啶等的甲基化
体内的主要能源物质	ATP 是基本的储能和供能物质——能源货币
腺嘌呤核苷酸是多种辅酶的组分	Co Ⅰ、Co Ⅱ、FAD、CoA 都含有腺嘌呤核苷酸
GTP 参与核酸的特殊结构和转变成四氢生物蝶呤	成熟真核 mRNA 帽子结构中及细胞核内 U 系列小分子 RNA 的帽子结构中有鸟嘌呤核苷，苯丙氨酸羟化酶的辅酶是四氢生物蝶呤，它们均来自 GTP
参与代谢和生理调节作用	如 ADP 诱导血小板的聚集与纤维蛋白的结合，形成血栓；腺苷能舒张冠状动脉，调节冠脉血流量
参与信号转导	cAMP 和 cGMP 都是细胞内信号转导的第二信使，GTP 和 GDP 参与白蛋白偶联受体的信号转导过程
参与酶活性的快速调节	① 以别构激活剂或别构抑制剂的方式调节别构酶的构象变化及酶的活性 ② 通过化学修饰方式参与酶活性的快速调节
参与蛋白质的生物合成	参与蛋白质生物合成的 mRNA、tRNA 和 rRNA 都是由核苷酸组成的
参与呼吸链的组成	参与 NADH 和 FAD 两条氧化呼吸链的组成，通过磷酸化生成 ATP

一、嘌呤核苷酸的代谢

（一）嘌呤核苷酸的从头合成

📖 **嘌呤环中各原子的来源**

嘌呤环中各原子，多数来自氨基酸。

表 10-2　嘌呤环中各原子的来源

来源	参与构成嘌呤环中的成分
谷氨酰胺	咪唑环 N_9，嘧啶环 N_3
甘氨酸	咪唑环 C_4、C_5，N_7
天冬氨酸	嘧啶环 N_1
N^5、N^{10}-甲炔四氢叶酸	咪唑环 C_8
N^{10}-甲酰四氢叶酸	嘧啶环 C_2
CO_2	嘧啶环 C_6

嘌呤核苷酸从头合成的特点

嘌呤苷酸从头合，主要特点有六个。

表 10-3　嘌呤核苷酸从头合成的特点

特点	说明
合成的部位	主要在肝，其次是小肠黏膜及胸腺
合成顺序	在 5-磷酸核糖的 C-1' 上逐步合成嘌呤碱，而不是先合成嘌呤碱再与核糖和磷酸结合生成核苷酸
先合成次黄嘌呤核苷酸（IMP）	从 IMP 再合成 AMP 和 GMP
关键酶有两个	PRPP 酰胺转移酶和 PRPP 合成酶
耗能多	如 IMP 的合成需 5 个 ATP、6 个高能磷酸键，AMP 或 GMP 的合成又需 1 个 ATP
嘌呤核苷酸之间可相互转变	如 IMP、AMP 和 GMP 之间可相互转换，以保持彼此平衡

嘌呤核苷酸从头合成的调节

嘌呤苷酸从头合，调节要点有四个。

表 10-4　嘌呤核苷酸从头合成的调节

调节要点	说明
关键酶受合成产物的反馈抑制	关键酶是 PRPP 合成酶和酰胺转移酶，它们均可受合成产物 IMP、AMP 和 GMP 的反馈抑制
底物的激活作用	如 5-磷酸核糖和 ATP 作为底物可增加 PRPP 合成酶活性；PRPP 作为酰胺转移酶的底物，可促进此酶的活性
产物过量时只抑制产生该产物的反应	在形成 AMP 和 GMP 的过程中，过量的 AMP 抑制 AMP 的生成，不影响 GMP 的生成；反之，亦然
交叉调节	在 IMP 转变为 AMP 时需要 GTP，而 IMP 转变为 GMP 时需要 ATP，故 GTP 可以促进 AMP 的生成，而 ATP 可促进 GMP 的生成，以维持 ATP 和 GTP 的浓度平衡

（二）嘌呤核苷酸的补救合成

补救合成方式

利用核苷或嘌呤，简单反应即合成。

表 10-5 嘌呤核苷酸补救合成的方式

补救合成方式	生化反应概况
嘌呤与 PRPP 经磷酸核糖转移酶催化生成核苷酸	PRPP+ 腺嘌呤（A）$\xrightarrow{\text{APRT}}$ AMP+PPi PRPP+ 鸟嘌呤（G）$\xrightarrow{\text{HGPRT}}$ GMP+PPi PRPP+ 次黄嘌呤（I）$\xrightarrow{\text{HGPRT}}$ IMP+PPi
腺嘌呤核苷经腺苷激酶催化生成 AMP	腺嘌呤核苷 $\xrightarrow{\text{腺苷激酶}}$ AMP

注释：APRT 为腺嘌呤磷酸核糖转移酶，HGPRT 为次黄嘌呤 - 鸟嘌呤磷酸核糖转移酶。

嘌呤核苷酸补救合成的生理意义：①节省能量和原料；② 脑、骨髓等组织器官缺乏嘌呤核苷酸从头合成的酶系，故补救合成途径具有更重要的生理学作用。

核糖核苷酸还原酶的调节

核糖核苷还原酶，活性可受变构调，

参与合成 DNA，四种原料搭配好。

表 10-6 核糖核苷酸还原酶的别构调节

作用物	主要促进剂	主要抑制剂
CDP	ATP	dATP、dGTP、dTTP
UDP	ATP	dATP、dGTP
ADP	dGTP	dATP、ATP
GDP	dTTP	dATP

注释：细胞除了通过控制还原酶的活性以调节脱氧核苷酸的浓度外，还可以通过各种三磷酸核苷对还原酶的别构作用来调节不同脱氧核苷酸的生成。因为某一特定的 NDP 被还原酶还原成 dNDP 时，需要特定的 NTP 的促进，同时也受另一些 NTP 的抑制，从而使合成 DNA 的四种脱氧核苷酸的比例适当。

嘌呤核苷酸合成途径的比较

嘌呤核苷酸合成，两条途径不相同。

表 10-7 嘌呤核苷酸的从头合成途径与补救合成途径的比较

	从头合成	补救合成
概念	指利用简单物质，经复杂酶促反应，合成嘌呤核苷酸	指利用体内游离的嘌呤和嘌呤核苷，经简单反应合成嘌呤核苷酸
原料	天冬氨酸、谷氨酰胺、甘氨酸、CO_2、甲酰基（来自 FH_4）	游离的嘌呤碱、嘌呤核苷

续表

	从头合成	补救合成
部位	肝（主要）、小肠及胸腺的胞质	脑、骨髓、脾
比例	主要合成途径，占总合成量的90%	次要合成途径，占总合成量的10%
意义	多数器官合成嘌呤核苷酸的主要途径	节省能量和原料；某些器官缺乏从头合成的酶类，只能进行补救合成

（三）嘌呤核苷酸的分解

📖 嘌呤核苷酸的分解代谢

嘌呤核苷酸分解，终末产物是尿酸。

二、嘧啶核苷酸代谢

（一）嘧啶核苷酸的从头合成

📖 嘧啶环中各原子的来源

谷氨酰胺天冬氨，二氧化碳排第三。

表 10-8 嘧啶环中各原子的来源

来源	参与构成嘧啶环的成分
天冬氨酸	嘧啶环 N_1、C_4、C_5、C_6
谷氨酰胺	嘧啶环 N_3
CO_2	嘧啶环 C_2

📖 尿嘧啶核苷酸 (UMP) 的从头合成过程

三种简单化合物，合成二氢乳清酸，脱氢生成乳清酸，转变生成UMP。

表 10-9 尿嘧啶核苷酸（UMP）的从头合成过程

反应阶段	所需原料	参与反应的酶
二氢乳清酸的生成	CO_2、谷氨酰胺、天冬氨酸	氨甲酰基磷酸合成酶Ⅱ、天冬氨酸氨甲酰基转移酶、二氢乳清酸酶
乳清酸的合成	二氢乳清酸	脱氢酶
尿嘧啶核苷酸的合成	乳清酸	乳清酸磷酸核糖转移酶、乳清酸脱羧酶

氨甲酰磷酸合成酶

氨甲磷酸合成酶，分为Ⅰ、Ⅱ共两类。

表 10-10　氨甲酰磷酸合成酶Ⅰ（CPS-Ⅰ）与氨甲酰磷酸合成酶Ⅱ（CPS-Ⅱ）的比较

	CPS-Ⅰ	CPS-Ⅱ
存在部位	肝线粒体	胞质（所有细胞）
底物	氨、CO_2	谷氨酰胺、CO_2
能量	消耗 2ATP	消耗 2ATP
产物	氨甲酰磷酸	氨甲酰磷酸
别构激活剂	N-乙酰谷氨酸	无
反馈抑制剂	无	受 UMP 的反馈抑制
作用	参与尿素合成	参与嘧啶合成
临床意义	其活性可作为肝细胞分化程度指标之一	其活性可作为细胞增殖程度指标之一

 ## 嘌呤核苷酸与嘧啶核苷酸从头合成的比较

嘌呤嘧啶从头合，既有差异亦相似。

表 10-11　体内嘌呤核苷酸与嘧啶核苷酸从头合成的比较

	嘌呤核苷酸的从头合成	嘧啶核苷酸的从头合成
不同点		
合成原料		
天冬氨酸	需要	需要
谷氨酰胺	需要	需要
CO_2	需要	需要
PRPP	需要	需要
一碳单位	需要	仅胸苷酸合成时需要
甘氨酸	需要	不需要
合成部位	肝、小肠及胸腺	肝
合成步骤	在磷酸核糖分子上逐步合成嘌呤环，从而形成嘌呤核苷酸	首先合成嘧啶环，再与磷酸核糖合成嘧啶核苷酸
中间产物	IMP	UMP
关键酶	PRPP 合成酶、酰胺转移酶	氨甲酰磷酸合成酶Ⅱ
反馈调节	嘌呤核苷酸产物反馈抑制 PRPP 合成酶、酰胺转移酶等起始反应的酶	嘧啶核苷酸产物反馈抑制 PRPP 合成酶、氨甲酰磷酸合成酶Ⅱ、天冬氨酸氨甲酰转移酶等起始反应的酶
生成核苷酸前体物质	最先合成的核苷酸是 IMP	最先合成的核苷酸是 UMP

续表

	嘌呤核苷酸的从头合成	嘧啶核苷酸的从头合成
相同点	① 都在肝细胞中进行 ② 都有 PRPP 参与 ③ 都有 CO_2、谷氨酰胺、天冬氨酸参与 ④ 先生成 IMP 或 UMP ⑤ 催化第一、第二反应的酶是关键酶	

（二）嘧啶核苷酸的补救合成

 嘧啶核苷酸补救合成的方式

体内嘧啶核苷酸，可以补救来合成：

利用核苷或嘧啶，简单反应可合成。

表 10-12　嘧啶核苷酸补救合成的方式

补救合成方式	生化反应概况
嘧啶磷酸核糖转移酶催化部分嘧啶碱基与 PRPP 生成嘧啶核苷酸	PRPP+ 嘧啶（U，OA）$\xrightarrow{\text{嘧啶磷酸核糖转移酶}}$ （UMP+OMP）+PPi
嘧啶核苷激酶催化嘧啶核苷转变成嘧啶核苷酸	尿嘧啶核苷 $\xrightarrow{\text{尿苷激酶、Mg}^{2+}}$ UMP、CMP 脱氧胸腺嘧啶核苷 $\xrightarrow{\text{胸苷激酶、Mg}^{2+}}$ dTMP

注释：U 为尿嘧啶，OA 为乳清酸。

 嘌呤核苷酸与嘧啶核苷酸补救合成的比较

嘌呤嘧啶核苷酸，补救合成不相同。

表 10-13　嘌呤核苷酸与嘧啶核苷酸补救合成的比较

	嘌呤核苷酸	嘧啶核苷酸
部位	脑、骨髓、脾	肝、骨髓
原料	游离的嘌呤碱基、嘌呤核苷	游离的嘧啶碱基、嘧啶核苷
酶	腺嘌呤磷酸核糖转移酶（APRT） 次黄嘌呤 - 鸟嘌呤磷酸核糖转移酶（HGPRT）	嘧啶磷酸核糖转移酶 尿苷激酶、胸苷转移酶

 磷酸核糖焦磷酸（PRPP）在核苷酸合成代谢中的作用

磷酸核糖焦磷酸，核苷合成少不了。

表 10-14   磷酸核糖焦磷酸（PRPP）在核苷酸代谢中的作用

PRPP 的作用	说明
参与嘌呤核苷酸的从头合成	PRPP 作为起始原料与谷氨酰胺生成磷酸核糖胺（PRA），然后逐步合成各种嘌呤核苷酸
参与嘌呤核苷酸的补救合成	PRPP 与嘌呤碱基直接生成各种一磷酸嘌呤核苷
参与嘧啶核苷酸的从头合成	PRPP 参与乳清酸核苷酸的生成，再逐步合成尿嘧啶一磷酸核苷等
参与嘧啶核苷酸的补救合成	PRPP 与嘧啶碱基直接生成各种磷酸嘧啶核苷

（三）嘧啶核苷酸的分解

嘌呤及嘧啶分解的比较

嘧啶分解产碳氨，合成尿素随尿排；嘌呤分解成尿酸，痛风则因排出障。

表 10-15   嘌呤及嘧啶分解的比较

	嘌呤的分解	嘧啶的分解
部位	肝、小肠及肾	肝细胞
终产物	尿酸（人类及灵长类动物），随尿排出	β- 氨基酸，NH_3，CO_2
特点	终产物尿酸仍具有嘌呤环，仅取代基发生氧化	嘧啶环可被打开，并最后分解成 NH_3、CO_2 及 H_2O
与临床关系	尿酸生成太多或排泄受阻，会导致血液中尿酸浓度增高，甚至导致痛风	胸腺嘧啶的分解产物 β- 氨基异丁酸有一部分可随尿排出。尿中 β- 氨基异丁酸排泄的多少可反映细胞及其 DNA 破坏的程度，白血病患者往往尿中 β- 氨基异丁酸排泄增加

核酸分解过程

核酸分解三阶段，酶及产物不一般。

表 10-16   参与核酸分解的各种酶及其作用产物

核酸分解过程	涉及的酶	产物
核酸的分解	核酸内切酶 核酸外切酶	分别又分为 DNA 酶和 RNA 酶，产物为脱氧核糖核苷酸和核糖核苷酸
单核苷酸的分解	5'- 核苷酸酶	核苷、磷酸
核苷的分解	核苷磷酸化酶 核苷水解酶	嘌呤或嘧啶，磷酸核糖 嘌呤或嘧啶，核糖

注释：核酸的分解产物嘌呤与嘧啶可再进一步被分解，核糖可进入磷酸戊糖途径的分解，磷酸可被再利用。

抗代谢药的作用机制

抗代谢物之结构，类似嘌呤或嘧啶，以假乱真来顶替，核酸合成难进行。

表 10-17 各种抗代谢药的作用机制

抗代谢药物	类似物	作用机制
嘌呤类似物		
6-MP	IMP	① 阻断嘌呤核苷酸的从头合成 ② 转变成 6-MP 核苷酸，抑制 IMP 转变成为 AMP 及 GMP 的反应 ③ 转变成 6-MP 核苷酸，抑制 PRPP 酰胺转移酶 ④ 阻断嘌呤核苷酸补救合成途径 ⑤ 竞争性抑制 HGPRT
别嘌醇	次黄嘌呤	抑制次黄嘌呤氧化酶，从而抑制尿酸的合成
嘧啶类似物		
5-FU	胸腺嘧啶	阻断 TMP 合成，本身无生物活性，转变为一磷酸脱氧核糖氟尿嘧啶 (FdUMP) 后抑制 TMP 合酶，破坏 RNA 的结构和功能
氨基酸类似物		
氮杂丝氨酸，6-重氮-5-氧正亮氨酸	谷氨酰胺	干扰谷氨酰胺在核苷酸合成中的作用，抑制嘌呤核苷酸及 GTP 的合成
叶酸类似物		
氨蝶呤及 MTX	叶酸	竞争性抑制二氢叶酸还原酶，使叶酸不能形成 FH_2 及 FH_4；嘌呤中来自一碳单位的 C_8 及 C_2 得不到供应，抑制嘌呤核苷酸合成；使 dUMP 不能生成 dTMP，影响 DNA 合成
核苷类似物		
阿糖胞苷	核苷	抑制 CDP 还原成 dCDP，影响 DNA 的合成

注释：6-MP，6-巯基嘌呤；5-FU，5-氟尿嘧啶；MTX，甲氨蝶呤；GMP，鸟苷酸；TMP，胸腺嘧啶核苷酸。

第十一章　非营养物质代谢

一、生物转化作用

🔖 生物转化的特点

生物转化有特征，双重多样连续性。

表 11-1　生物转化的特点

特点	说明
双重性	生物转化有的有解毒作用，有的可能有致毒作用
多样性	一种非营养物质可能有多种转化产物
连续性	第一相反应之后可进一步进行第二相反应

🔖 生物转化的一般反应

生物转化反应多，反应类型分两相：

一相水解与氧还，结合反应属二相。

表 11-2　生物转化的一般反应

反应类型	反应性质	细胞内酶的主要定位
第一相反应		
氧化反应	羟化反应	微粒体
	脱烷反应	微粒体
	环氧化反应	微粒体
	脱硫反应	微粒体
	脱卤反应	微粒体
	醇氧化反应	胞质为主、微粒体少数
	醛氧化反应	胞质、线粒体
	脱氨反应	微粒体、线粒体
还原反应	醛还原反应	胞质
	偶氮还原反应	微粒体
	硝基还原反应	微粒体、胞质
水解反应	脂水解反应	微粒体、胞质
	酰胺水解反应	微粒体、胞质
第二相反应		
结合反应	葡糖醛酸结合	微粒体
	甘氨酸结合	线粒体、胞质
	乙酰化反应	胞质
	甲基化反应	胞质
	谷胱甘肽反应	胞质
	硫酸结合	胞质

参与肝生物转化的酶类

生物转化在肝中，参与酶类有多种。

表 11-3　参与肝生物转化的酶类

酶类	细胞内定位	反应底物或辅酶	结合基团的供体
第一相反应			
氧化酶类			
加单氧酶系	线粒体	NADPH、O_2、RH	
胺氧化酶	线粒体	RCH_2NH_2、O_2、H_2O	
脱氢酶系	胞质或微粒体	RCH_2OH 或 RCHO，NAD^+	
还原酶类	微粒体	硝基苯等，NADPH 或 NADH	
水解酶类	胞质或微粒体	酯或酰胺或糖苷类化合物	
第二相反应			
葡糖醛酸基转移酶	微粒体	含羟基、巯基、氨基、羧基化合物	尿苷二磷酸葡糖醛酸（UDPGA）
硫酸转移酶	胞质	酚、醇、芳香胺类	3'-磷酸腺苷 5'-磷酰硫酸（PAPS）
乙酰基转移酶	胞质	芳香胺、胺、氨基酸	乙酰 CoA
谷胱甘肽转移酶	胞质和微粒体	环氧化物、卤化物、胰岛素等	谷胱甘肽（GSH）
酰基转移酶	线粒体	酰基 CoA（如苯甲酰 CoA）	甘氨酸
甲基转移酶	胞质和微粒体	含羟基、氨基、巯基化合物	S-腺苷甲硫氨酸（SAM）

醇脱氢酶（ADH）与肝细胞微粒体乙醇氧化系统（MEOS）的比较

乙醇氧化在肝中，两酶特点不相同。

表 11-4　ADH 与 MEOS 的比较

	ADH	MEOS
肝细胞内定位	胞质	微粒体
底物与辅酶	乙醇、NAD^+	乙醇、NADPH、O_2
对乙醇的 K_m 值	2mmol/L	8.6mmol/L
乙醇的诱导作用	无	有
与乙醇氧化相关的能量变化	氧化磷酸化释能	耗能

🍃 影响生物转化的因素

影响转化因素多：性别年龄与疾病，药物食物或毒物，遗传因素有关系。

表 11-5　影响生物转化的因素

影响因素	说明
年龄	① 新生儿肝中酶体系还不完善，对药物及毒物的耐受性较差 ② 老年人对许多药物的耐受性下降（肝、肾功能比年轻人差）
性别	① 女性对某些药物的代谢速率与男性不同 ② 妊娠期妇女的生物转化能力普遍下降
疾病	① 肝疾病时生物转化作用下降 ② 慢性肺梗死疾病时缺氧可降低肝葡糖醛酸化功能
遗传基因	遗传变异可引起个体之间生物转化酶类分子结构的差异或酶合成量的差异，可显著影响生物转化酶的活性
药物、食物或毒物	① 可诱导与生物转化相关酶的合成或活性 ② 同时服用几种药可发生药物之间对肝酶竞争性抑制作用，影响生物转化

注释：熟悉影响生物转化作用的各种因素，可以指导临床药物的应用。

二、胆汁与胆汁酸的代谢

🍃 胆汁酸的种类

胆汁酸可分五种，初级胆酸与次级，游离较少结合多，胆汁酸盐通用名。

表 11-6　胆汁酸的种类

种类	说明
初级胆汁酸	在肝中新合成的 7- 位有羟基的胆汁酸，包括胆酸、鹅脱氧胆酸及其与甘氨酸、牛磺酸的结合产物
次级胆汁酸	初级胆汁酸进入肠道后，一部分在肠道细菌的作用下，7- 位脱去羟基称为次级胆汁酸，包括脱氧胆酸、石胆酸及其在肝中的结合产物
游离胆汁酸	无论初级胆汁酸还是次级胆汁酸，未与甘氨酸、牛磺酸结合的就称为游离胆汁酸，包括胆酸、鹅脱氧胆酸、脱氧胆酸、石胆酸
结合胆汁酸	无论初级胆汁酸还是次级胆汁酸，只要与甘氨酸、牛磺酸结合的都称为结合胆汁酸。胆汁中的胆汁酸几乎都以结合型存在，包括甘氨胆酸、牛磺胆酸、甘氨鹅脱氧胆酸、牛磺鹅脱氧胆酸
胆汁酸盐	胆汁酸是以其钾盐、钠盐形式存在，称胆汁酸盐。习惯上"胆汁酸、胆汁酸盐、胆盐"三词混用

表 11-7　胆汁酸的主要成分

分类	初级胆汁酸	次级胆汁酸
游离胆汁酸	胆酸 鹅脱氧胆酸	脱氧胆酸 石胆酸
结合胆汁酸	胆酸、鹅脱氧胆酸等与甘氨酸和牛磺酸的结合产物	脱氧胆酸、石胆酸等与甘氨酸和牛磺酸的结合产物

表 11-8　初级胆汁酸与次级胆汁酸的生成比较

	初级胆汁酸	次级胆汁酸
生成的部位	肝细胞的胞质和微粒体中	小肠下段和大肠
生成的原料	胆固醇	初级胆汁酸
反应过程	胆固醇→7α-羟胆固醇→初级胆汁酸	初级胆汁酸 7-位脱羟基
限速酶	胆固醇 7α-羟化酶（加单氧酶）	

三、血红素的生物合成

血红素的合成概况

铁和小分子原料，造血器官中合成，反应步骤四阶段，合成过程可调控。

表 11-9　血红素的合成概况

合成概况	说明
合成原料	甘氨酸、琥珀酰辅酶 A、Fe^{2+}
合成部位	在造血器官中，起始与终末阶段在线粒体中，中间阶段在细胞质中进行
主要反应过程	① δ-氨基-γ-酮戊酸（ALA）的生成：在线粒体内 ② 胆色素原的生成：进入胞质的两分子 ALA 脱水缩合成一分子胆色素原 ③ 尿卟啉原Ⅲ与粪卟啉原Ⅲ的生成：在胞质中进行 ④ 血红素的生成：胞质中的粪卟啉原Ⅲ再进入线粒体与 Fe^{2+} 结合生成血红素
合成的关键酶	ALA 合酶：催化琥珀酰辅酶 A 与甘氨酸合成 ALA
合成的调节	① ALA 合酶 ② ALA 脱水酶与亚铁螯合酶 ③ 促红细胞生成素等

血红素合成的特点

合成部位骨与肝，简单物质作原料。反应部位分两处，线粒体中和胞质。

表 11-10 血红素合成的特点

特点	说明
合成的主要部位是骨髓与肝	成熟红细胞不含线粒体，故不能合成血红素；体内其他大多数组织均能合成血红素
合成的主要原料是简单小分子物质	包括琥珀酰 CoA、甘氨酸及 Fe^{2+} 等，其中间产物的转变主要是吡咯环侧链的脱羧和脱氢反应
合成的过程在不同部位进行	血红素合成的起始和最终过程均在线粒体内进行，而其他中间步骤则在胞质中进行。这种定位对终产物血红素的反馈调节作用具有重要意义

 调节血红素合成的因素

调节合成血红素，三酶再加促红素。

表 11-11 调节血红素合成的因素

调节血红素合成的因素	说明
ALA 合酶——血红素合成体系的限速酶	① 受血红素的反馈抑制（可能属于别构抑制），血红素还可阻抑 ALA 合酶的合成 ② 磷酸吡哆醛是该酶的辅基，故维生素 B_6 缺乏会影响血红素的合成 ③ 如果血红素合成速度大于珠蛋白合成速度，过多的血红素氧化成高铁血红素，后者能强烈抑制 ALA 合酶 ④ 某些固醇类激素（如睾酮）能诱导 ALA 合酶，从而促进血红素的合成 ⑤ 许多在肝内进行生物转化的物质，如致癌剂、药剂、杀虫剂等，也可导致肝 ALA 合酶显著增加
ALA 脱水酶和亚铁螯合酶	此二酶对重金属的抑制均非常敏感，因此，血红素合成的抑制是铅中毒的重要体征；亚铁螯合酶还需要还原剂（如谷胱甘肽），任何还原条件的中断也会抑制血红素的合成
促红细胞生成素	红细胞生成的主要调节剂，可促进原始红细胞繁殖和分化，加速有核红细胞的成熟及血红素和血红蛋白的合成

四、胆色素的代谢与黄疸

 胆红素的来源与去路

机体内的胆红素，两个来源四去路。

表 11-12　胆红素的来源与去路

来源与去路	说明
来源	
来自血红蛋白的分解	占 80% 以上（主要）
来自铁卟啉酶类的降解	占 20% 以下（次要）
去路	
生成游离胆红素	胆红素入血后与清蛋白结合而被运输
生成结合胆红素	在肝细胞中生成胆红素 - 葡糖醛酸酯（肝胆红素）
由肠道从粪便排出	肝胆红素随胆汁进入肠道，由细菌转化为胆素原，大部分随粪便排出，小部分经门静脉重吸收入肝，又由肝分泌入肠（肠肝循环）
经肾由尿排出	重吸收的胆素原少部分进入体循环，经肾由尿排出

两种胆红素的区别

胆红素可分两种，游离结合不相同。

表 11-13　游离胆红素与结合胆红素的比较

	游离胆红素	结合胆红素
别名	间接胆红素、血胆红素	直接胆红素、肝胆红素
与葡糖醛酸结合	否	是
与清蛋白结合力	大	小
与重氮试剂反应	慢、间接反应	快、直接反应
水溶性	小	大
脂溶性	大	小
尿中排出	无	有
对细胞膜的通透性及毒性	大	无

胆红素的生成、转运与排泄

Hb 解成胆红素，结合蛋白好运输。
葡糖醛酸在肝脏，结合胆素可去毒。
入肠还原成胆原，肝肠循环成反复。
粪尿胆素因氧化，尿胆红素因胆阻。

表 11-14   胆红素的代谢过程

代谢过程	说明
胆红素的生成	正常成人生成的胆红素中 80% 来自衰老红细胞中血红蛋白的分解，血红蛋白→血红素→胆绿素→胆红素
胆红素的转化 　摄取	胆红素与血浆清蛋白结合运输到肝，可渗透肝细胞膜而被摄取，与胞质内的载体蛋白（Y蛋白和Z蛋白）结合而运至内质网
结合	摄取的胆红素与葡糖醛酸结合生成葡糖醛酸胆红素酯（结合胆红素）
排泄	结合胆红素由肝细胞主动分泌入毛细胆管，随胆汁排入肠腔
胆红素的排泄	① 结合胆红素在肠道细菌作用下生成胆素原及胆素 ② 胆素原的肠肝循环：肠道中有 10% ~ 20% 胆素原被重吸收进入肝，又再次随胆汁排入肠道

📖 胆汁酸与胆素原的肠肝循环

胆汁酸与胆素原，肠肝循环不一般。

表 11-15   胆汁酸与胆素原肠肝循环的比较

	胆汁酸的肠肝循环	胆素原的肠肝循环
不同点		
肠道重吸收量	多（达 95%）	少（占 10% ~ 20%）
重吸收入肝后的变化	由肝细胞重新合成结合胆汁酸	肝细胞对胆素原未作处理
重吸收入肝后的去向	全部与新合成的胆汁酸一起排入肠道	大部分随胆汁排入肠道
生理意义	弥补肝合成胆汁酸能力的不足，满足人体对胆汁酸的生理需要	小部分进入体循环随尿排出，使尿中出现胆素原族化合物
相同点	两者的代谢物都可以在肠道与肝之间进行循环	

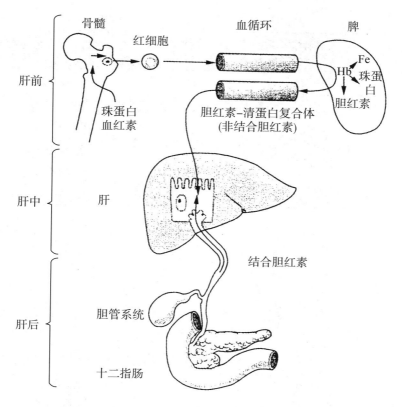

图 11-1　正常胆红素代谢和分泌途径

在肝内，胆红素与葡糖醛酸结合成为可溶于水的结合胆红素，之后分泌进入胆汁

黄疸

溶血胆素未结合，尿中胆原见升高。

阻塞胆素已结合，尿胆红素可查到。

肝性转排均障碍，血尿两胆四都超。

阻塞肝性粪色浅，溶血粪便深黄貌。

表 11-16　三种类型黄疸的比较

类型	溶血性黄疸 （肝前性黄疸）	肝细胞性黄疸 （肝源性黄疸）	阻塞性黄疸 （肝后性黄疸）
黄疸发生的机制	红细胞破坏过多，导致未结合胆红素生成过多	肝功能下降，转化胆红素的能力降低	胆道阻塞引起胆红素排泄障碍，反流入血
血总胆红素	增高	增高	增高
血未结合胆红素	明显增高	增高	改变不大
血结合胆红素	改变不大	增高	显著增高

续表

类型	溶血性黄疸 （肝前性黄疸）	肝细胞性黄疸 （肝源性黄疸）	阻塞性黄疸 （肝后性黄疸）
重氮反应试验	间接反应阳性	双向反应阳性	直接反应阳性
尿胆红素	阴性	阳性	强阳性
尿胆素原	增多	不一定	减少或消失
尿胆素	增多	不一定	减少或消失
粪胆素原	增多	减少	减少或消失
粪便颜色	加深	变浅或正常	变浅或灰白色（陶土色）

第十二章　物质代谢的整合与调节

一、物质代谢的特点

🖋 物质代谢的特点

物质代谢特点多，归纳起来有十个。

表 12-1　体内物质代谢的特点

物质代谢特点	说明
整体性	体内物质代谢相互联系和相互制约，构成一个统一的整体
开放性	体内的物质代谢与自然界形成了一个开放的大循环
有序性	物质代谢在体内按一定的顺序进行
网络化运行	各种代谢途径形成网络，其中三羧酸循环是三大营养物质代谢的枢纽
合理性	① 生物学功能性：物质代谢是为了适应自身代谢和环境需要 ② 定位性：各组织器官物质代谢各具特色，参与代谢的各种酶在亚细胞器内呈区域化分布
可调节性	物质代谢可进行精细调节
酶催化	物质代谢是通过多种酶的催化反应实现的
有共同的代谢池	体内或体外摄入的同一代谢物质都参与到共同的代谢池中进行代谢
物质代谢有能量基础	物质代谢与能量代谢相偶联
集约性	一些物质代谢的途径十分相似，其化学反应的种类和代谢模式也是有限的、保守的、简单的

🖋 生物大分子的组成

生物大分子虽多，基本结构都简约。

表 12-2　生物大分子的组成

生物大分子	基本构成
蛋白质	氨基酸
核酸	核糖或脱氧核糖、磷酸、碱基（嘌呤、嘧啶）
脂肪	甘油、脂肪酸
多糖	单糖

✍ 酶促反应的类型

酶促反应虽然多，基本类型有六个。

表 12-3 机体内酶促反应的类型

酶促反应的类型	参与反应的酶类及举例
氧化还原反应	氧化还原酶类，如乳酸脱氢酶、过氧化物酶
转移反应	转移酶类，如氨基转移酶
水解反应	水解酶类，如淀粉酶
裂解反应	裂解（裂合）酶类，如碳酸酐酶
异构反应	异构酶类，如磷酸丙糖异构酶
合成反应	合成（连接）酶类，如谷氨酰胺合成酶

注释：从上表来看，物质代谢中化学反应种类是有限的、保守的和简单的。

二、物质代谢的相互联系

✍ 概述

能源物质之代谢，代谢途径有共同。相互代替和制约，中间产物可共用。

表 12-4 能源物质在能量代谢上的相互联系

相互联系	说明
相互替代、相互制约	从能量代谢角度看，糖、脂肪、蛋白质三大营养素可以互相替代并互相制约。正常时一般以糖和脂肪供能为主，并尽量节约蛋白质的消耗
相互协调	任何一种供能物质分解占优势，常能抑制其他供能物质的降解
有共同代谢途径	三羧酸循环是三大营养素最后分解的共同代谢途径，均以脱氢进行氧化磷酸化产生大量 ATP
有共同的中间代谢物	乙酰辅酶 A 是三大营养物质氧化供能的共同中间代谢物，释放的能量均转化生成 ATP

✍ 糖、脂肪、蛋白质和核酸在代谢中的相互联系

糖脂蛋白和核酸，相互联系很广泛。

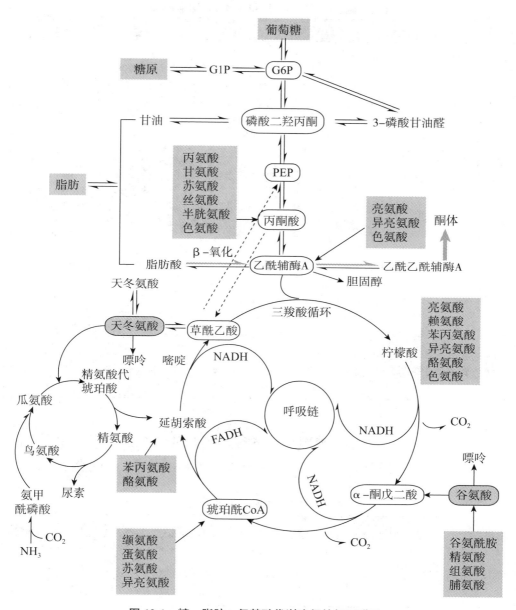

图 12-1　糖、脂肪、氨基酸代谢途径的相互联系

GIP，葡糖 -1- 磷酸；G6P，葡糖 -6- 磷酸；PEP，磷酸二羟丙酮

表 12-5   糖、脂肪、蛋白质和核酸在代谢中的相互联系

相互转变	说明
糖代谢与脂肪代谢 　糖可转变为脂肪 　脂肪绝大部分不能转变为糖	葡萄糖转化为 3- 磷酸甘油和乙酰 CoA，后者合成脂肪酸，进而合成脂肪。但必需脂肪酸不能由糖合成 ① 脂肪酸分解生成的乙酰 CoA 不能转变为丙酮酸，故不能循糖异生途径生成葡萄糖 ② 仅脂肪分解生成的甘油可异生为糖
糖代谢与氨基酸代谢 　大多数氨基酸可转化为葡萄糖 　糖可转化为非必需氨基酸	体内 20 种氨基酸中除亮氨酸和赖氨酸外，都可通过脱氨基作用生成相应的 α- 酮酸，循糖异生途径生成糖 糖代谢产生的丙酮酸、草酰乙酸、α- 酮戊二酸等可氨化生成 12 种非必需氨基酸
脂肪代谢与氨基酸代谢 　氨基酸可转变为脂肪 　脂肪绝大部分不能转为非必需氨基酸	氨基酸分解生成乙酰 CoA，可经还原缩合反应合成脂肪酸，进而合成脂肪。乙酰 CoA 还可生成胆固醇 脂肪中的脂肪酸不能转化为氨基酸，仅甘油可异生成糖，再转变为非必需氨基酸
核酸与糖及氨基酸代谢 　核酸在体内不转化为糖或氨基酸 　糖和氨基酸是合成核酸的原料	天冬氨酸、谷氨酰胺、甘氨酸、一碳单位等是合成碱基的原料，葡萄糖磷酸戊糖途径提供核糖，参与核酸合成

葡萄糖转变为脂肪的过程

糖变脂肪分三步，一是转为脂肪酸，二是转化为甘油，二者结合成脂肪。

表 12-6   葡萄糖转变为脂肪的过程

步骤	过程
转化为脂肪酸	葡萄糖→丙酮酸→乙酰 CoA →合成脂肪酸的脂酰 CoA
转化为甘油	葡萄糖→磷酸二羟丙酮→ 3- 磷酸甘油
合成脂肪	脂酸 CoA+3- 磷酸甘油→脂肪（储存）

注释：由以上可知，人吃过多的糖造成体内能量物质过剩，合成的脂肪储存可以导致发胖。

几种重要化合物的来源与去路

几种代谢中间物，参与代谢很活跃。来源多亦去路多，相互转化成网络。

表 12-7　磷酸二羟丙酮的来源与去路

来源	去路
① 糖酵解	① 转变为 3- 磷酸甘油→合成脂肪
② 脂肪→甘油→ 3- 磷酸甘油→磷酸二羟丙酮	② 合成糖
	③ 进入三羧酸循环氧化释能

注释：磷酸二羟丙酮是糖与脂肪代谢的交叉点。

表 12-8　丙酮酸的来源与去路

来源	去路
① 糖酵解	① 异生为糖
② 糖有氧氧化	② 还原为乳酸
③ 乳酸氧化	③ 生成乙醇
④ 脂肪中甘油的氧化	④ 羧化为草酰乙酸
⑤ 丙氨酸脱氨基作用	⑤ 氧化脱羧为乙酰 CoA
⑥ 色氨酸、丝氨酸的分解	⑥ 转变为磷酸二羟丙酮参与合成甘油
	⑦ 转化为丙氨酸
	⑧ 可作为丝氨酸等合成的碳骨架
	⑨ 氧化脱羧为乙酰 CoA →合成脂肪酸
	⑩ 氧化脱羧为乙酰 CoA →合成胆固醇
	⑪ 氧化脱羧为乙酰 CoA →合成酮体
	⑫ 氧化脱羧为乙酰 CoA → CO_2+H_2O

表 12-9　乙酰 CoA 的来源与去路

来源	去路
① 脂肪酸 β- 氧化	① 进入三羧酸循环氧化分解
② 糖的有氧氧化	② 合成脂肪酸
③ 酮体利用	③ 合成酮体
④ 生酮氨基酸分解	④ 合成胆固醇
⑤ 甘油分解	⑤ 合成乙酰胆碱
⑥ 乳酸分解	⑥ 经三羧酸循环转变为非必需氨基酸
	⑦ 在肝生物转化可参与结合反应
	⑧ 作为乙酰基供体，参与酶的化学修饰调节，参与乙酰化反应

注释：乙酰 CoA 为糖与脂肪代谢的交叉点。

表 12-10　琥珀酰 CoA 的来源及去路

来源	去路
① 糖代谢	① 柠檬酸循环彻底氧化成 CO_2 和水
② 奇数碳原子脂肪酸 ω- 氧化	② 在肝外组织转化为琥珀酸
③ 苏氨酸、蛋氨酸、缬氨酸和异亮氨酸降解	③ 与甘氨酸一起生成 δ- 氨基 -γ- 酮戊酸（ALA），参与血红素的合成

表 12-11   草酰乙酸的来源及去路

来源	去路
① 丙酮酸的羧化	① 参与三羧酸循环，是三羧酸循环的起始物，决定三羧酸循环速度
② 苹果酸的脱氢	② 脱羧生成丙酮酸，氧化成水、CO_2 和 ATP
③ 天冬氨酸的脱氨	③ 转变成磷酸烯醇式丙酮酸→异生成糖
④ 柠檬酸的裂解	④ 参与乙酰 CoA 从线粒体转运至胞质的过程，参与糖转变为脂肪
⑤ 生糖氨基酸异生	⑤ 参与胞质内 NADH 转到线粒体的过程（苹果酸 - 天冬氨酸穿梭）
	⑥ 经转氨基作用合成天冬氨酸
	⑦ 氧化供能

注释：草酰乙酸为糖与氨基酸代谢的交叉点。

表 12-12   谷氨酸的来源及去路

来源	去路
① 肠道吸收	① 参与蛋白质合成
② 体内蛋白质分解	② 参与谷氨酰胺合成
③ 联合脱氨基的逆反应生成谷氨酸	③ 转氨作用生成 α- 酮戊二酸
	④ 脱羧基生成 γ- 氨基丁酸或 β- 羟丁酸
	⑤ 参与合成谷胱甘肽
	⑥ 参与合成 N- 乙酰谷氨酸
	⑦ 构成中枢神经系统内神经递质

表 12-13   谷氨酰胺的来源与去路

来源	去路
NH_3+ 谷氨酸 $\xrightarrow[谷氨酰胺合成酶]{脑、肝、肾、肌肉等}$	$\xrightarrow{肾}$ 谷氨酸 + 氨 $\xrightarrow{H^+}$ NH_4^+，由尿排出或被重吸收
	$\xrightarrow{肝}$ 谷氨酸 + 氨→合成尿素
	└→谷氨酸代谢
	→参与体内蛋白质合成
	→参与嘌呤核苷酸的从头合成
	→为 PRPP 生成 5- 磷酸核糖胺提供氨基
	→为 XMP 生成 GMP 提供氨基
	→为尿嘧啶核苷三磷酸转变为胞嘧啶核苷三磷酸提供氨
	→为天冬氨酸转变为天冬酰胺提供氨基

三、肝在物质代谢中的作用

肝在物质代谢中的作用概述

糖原合成及异生，产生酶类蛋白质，脂肪合成与分解，促进吸收泌胆汁，
转化排泄胆红素，维生素可转储吸，灭活激素能解毒，增生巨噬助免疫。

表 12-14　肝在全身物质代谢中的主要作用

代谢	特点及生理意义	代谢障碍时可能出现的表现
糖代谢	① 肝糖原的合成与分解维持血糖恒定 ② 糖异生作用维持血糖恒定	血糖浓度不稳定（饥饿时出现低血糖）
脂肪代谢	① 合成胆汁酸分泌胆汁，促进脂肪消化吸收 ② 合成磷脂、脂蛋白，促进脂肪转运 ③ 合成卵磷脂-胆固醇转酰酶，促进血中胆固醇生成胆固醇酯 ④ 合成胆固醇并促进其代谢转变 ⑤ 生成酮体，输出肝外	脂肪消化、吸收不良 脂肪肝 血中胆固醇酯/胆固醇比值降低
蛋白质代谢	① 合成血浆蛋白（维持血浆胶体渗透压，修补组织） ② 合成凝血酶原等多种凝血因子，促进血液凝固 ③ 合成尿素，清除血氨 ④ 清除血浆蛋白质（清蛋白除外）	血浆白蛋白/球蛋白比值降低、水肿、出血倾向、氨中毒、氮质血症、肝性脑病
维生素代谢	① 促进维生素 A、D、E、K 等脂溶性维生素吸收 ② 促进维生素 A 原转变成维生素 A ③ 储存多种维生素，如维生素 A、B_{12}、D、K 等 ④ 不少维生素在肝中转变为辅酶，如辅酶Ⅰ、辅酶Ⅱ、辅酶 A、四氢叶酸、焦磷酸硫胺素等	出血 夜盲症
特殊代谢	① 胆色素代谢 ② 解毒功能 ③ 激素的灭活	黄疸 对毒物的耐受性降低 醛固酮和抗利尿激素灭活降低，引起水肿；雌激素灭活降低，引起肝掌、蜘蛛痣

肝特有的代谢途径

肝的特有代谢多，归纳起来有七个。

表 12-15　肝特有的代谢途径

代谢途径	生理学意义
糖原合成	可在糖供给不足时迅速补充血糖（肌肉只能合成少量糖原）
糖原分解	肝有葡糖-6-磷酸酶，将糖原分解为葡萄糖维持血糖恒定，肌肉缺乏此酶，故肌糖原不能补充血糖
糖异生	肝在饥饿时可以异生糖，用来补充血糖。肾在长期饥饿时，异生能力才加强
合成尿素	肝将有毒性的氨合成尿素，起解毒作用。若肝功能受损，会产生高氨血症，严重时会引起肝性脑病

续表

代谢途径	生理学意义
合成酮体	酮体是机体重要的能源物质，尤其在长期饥饿时，因脑组织不能利用脂肪酸供能，此时酮体对脑组织能量的供应十分重要
将胆固醇转变为胆汁酸	胆汁酸可促进脂肪的消化与吸收，促进脂溶性维生素的吸收，抑制胆汁中胆固醇的析出
生成结合胆红素	将有毒性的游离胆红素转变成结合胆红素，随胆汁经肠道排出，从而将胆红素清除

肝疾病时代谢障碍

肝脏疾病代谢障，相应症状见临床。

表 12-16　肝疾病时与代谢障碍或异常有关的临床现象

类型	临床表现	原因
糖代谢障碍	低血糖	肝糖原储备下降，糖异生减弱
脂肪代谢障碍	厌油腻及脂肪泻	分泌胆汁能力下降或胆汁排出障碍
蛋白质代谢障碍	脂肪肝	极低密度脂蛋白减少
	肝性脑病	① 氨中毒：肝转化氨为尿素障碍，血氨升高，进入脑内使三羧酸循环受阻，ATP 生成减少 ② 假性神经递质干扰 ③ 氨基酸代谢不平衡，支链氨基酸减少而芳香族氨基酸增多
	水肿或腹水	① 肝合成清蛋白减少，血浆胶体渗透压降低 ② 调节水电解质代谢的激素（抗利尿激素、醛固酮）灭活障碍 ③ 门脉高压，静脉回流受阻
维生素代谢障碍	出血倾向	① 胆汁分泌减少，脂溶性维生素 K 吸收减少，凝血因子合成减少 ② 肝合成凝血因子障碍
	夜盲症	脂溶性维生素 A 吸收减少，储存障碍
胆红素代谢障碍	黄疸	① 肝对胆红素摄取和转化障碍 ② 肝对胆红素排泄障碍
激素代谢障碍	蜘蛛痣、肝掌	肝对雌激素的灭活功能降低

四、肝外重要组织器官的物质代谢特点及联系

重要器官及组织代谢的特点

肝脑心肾肌肉等，各自代谢有特征。

表 12-17　重要器官及组织代谢的特点

器官组织	特有的酶	功能	主要代谢途径	主要代谢物	主要代谢产物
肝	葡糖激酶、葡糖-6-磷酸酶、甘油激酶、磷酸烯醇式丙酮酸羧激酶	代谢枢纽	糖异生、脂肪酸 β-氧化、糖有氧氧化	葡萄糖、脂肪酸、乳酸、甘油、氨基酸等	葡萄糖、VLDL、HDL、酮体
脑		神经中枢	糖有氧氧化、糖酵解、氨基酸代谢	葡萄糖、氨基酸、酮体、脂肪酸	乳酸、CO_2、H_2O
心	脂蛋白脂酶、呼吸链丰富	泵出血液	有氧氧化	乳酸、葡萄糖、VLDL	CO_2、H_2O
脂肪组织	脂蛋白脂酶、激素敏感性脂肪酶	储存及动员脂肪	酯化脂肪酸、脂解	VLDL、CM	游离脂肪酸、甘油
肌肉	脂蛋白脂酶、呼吸链丰富	收缩	糖酵解、有氧氧化	脂肪酸、葡萄糖、酮体	乳酸、CO_2、H_2O
肾	甘油激酶、磷酸烯醇式丙酮酸羧激酶	排泄尿液、糖异生	糖异生、糖酵解、酮体生成	脂肪酸、葡萄糖、乳酸、甘油	葡萄糖
红细胞	无线粒体	运输氧	糖酵解	葡萄糖	乳酸

注释：(1) 肝是机体物质代谢的枢纽，是人体的"中心化工厂"，通过糖、脂肪代谢途径与肝外组织联系，成为机体代谢的核心器官。
(2) 脑耗氧量大，主要以葡萄糖为供能物质。
(3) 心优先利用酮体、脂肪酸，以有氧氧化供能为主。
(4) 脂肪组织是合成及贮存脂肪的重要组织。
(5) 肌肉通常以氧化脂肪酸为主，并且在运动时产生乳酸。
(6) 肾也可以进行糖异生和生成酮体。
(7) 红细胞代谢以糖酵解为主。

五、物质代谢调节的主要方式

主要代谢途径在体内的分布

胞内代谢途径多，分布区域很合理，相互之间不干扰，代谢调节易管理。
细胞代谢区域化，代谢进行有次序。

表 12-18　主要代谢途径（多酶体系）在细胞内的分布

代谢途径	分布（酶或酶系）	代谢途径	分布（酶或酶系）
DNA 合成	细胞核	糖酵解	胞质
mRNA 合成	细胞核	胆红素生成	胞质、线粒体

续表

代谢途径	分布（酶或酶系）	代谢途径	分布（酶或酶系）
tRNA 合成	核质	生物转化	内质网、胞质、线粒体
rRNA 合成	核仁	磷酸戊糖途径	胞质
蛋白质合成	内质网、胞质	糖异生	胞质
糖原合成与分解	胞质	脂肪酸 β- 氧化	线粒体
脂肪酸合成	胞质	多种水解酶	溶酶体
胆固醇合成	内质网、胞质	三羧酸循环	线粒体
磷脂合成	内质网	糖有氧氧化	胞质、线粒体
血红素合成	胞质、线粒体	呼吸链	线粒体
尿素合成	胞质、线粒体	酮体合成	线粒体

注释：酶在细胞内的隔离分布使有关代谢途径分别在细胞不同区域内进行，这样不致使各种代谢途径互相干扰，还有利于调节因素对不同代谢途径进行特异调节。

代谢途径关键酶

体内代谢各途径，均有相应关键酶。催化速度能限制，代谢调节有作为。

表 12-19　某些重要代谢途径的关键酶

代谢途径	关键酶	代谢途径	关键酶
糖原分解	磷酸化酶	血红素合成	ALA 合酶
磷酸戊糖途径	葡糖 -6- 磷酸脱氢酶	胆汁酸合成	7α- 羟化酶
糖原合成	糖原合酶	酮体合成	HMG-CoA 合成酶
脂肪动员	激素敏感性脂肪酶	脂肪酸合成	乙酰 CoA 羧化酶
脂肪酸分解	肉毒碱脂酰转移酶 I	糖酵解	磷酸果糖激酶、己糖激酶、丙酮酸激酶
胆固醇合成	HMG-CoA 还原酶	糖有氧氧化	丙酮酸脱氢酶系、异柠檬酸脱氢酶、柠檬酸合酶、α-酮戊二酸脱氢酶
多胺合成	鸟氨酸脱羧酶	糖异生	丙酮酸羧化酶、磷酸烯醇式丙酮酸羧激酶、果糖二磷酸酶、葡糖 -6- 磷酸酶
儿茶酚胺合成	酪氨酸羟化酶	尿素合成	精氨酸代琥珀酸合成酶、氨甲酰磷酸合成酶 I

代谢途径	关键酶	代谢途径	关键酶
嘌呤核苷酸合成	PRPP 合成酶、酰胺转移酶	嘧啶核苷酸合成	天冬氨酸转氨甲酰酶、氨甲酰磷酸合成酶 II、PRPP 合成酶
脱氧核苷酸生成	核糖核苷酸还原酶		

注释：关键酶所催化的反应特点有①催化的反应速度最慢，因此称为限速酶，其活性决定整个代谢途径的速度；②这类酶催化单向反应或非平衡反应，因此其活性决定整个代谢途径的方向；③这类酶活性除受底物控制外，还受多种代谢物或效应剂的调节。因此，调节关键酶的活性是细胞代谢调节的一种重要方式。

代谢途径变构酶

代谢途径有多种，均有相应别构酶。酶可激活或抑制，产物适量不浪费。

表 12-20 一些重要代谢途径中的别构酶及别构效应剂

代谢途径	别构酶	别构激活剂	别构抑制剂
糖酵解	己糖激酶		葡糖 -6- 磷酸
	磷酸果糖激酶	AMP、ADP、果糖 -2,6- 二	ATP、柠檬酸
	丙酮酸激酶	磷酸、果糖 -1,6- 二磷酸	ATP、乙酰 CoA、脂肪酸
三羧酸循环	异柠檬酸脱氢酶	ADP	ATP
	柠檬酸合酶	ADP	ATP、长链脂酰 CoA
糖原合成	糖原合酶	葡糖 -6- 磷酸	
糖原分解	糖原磷酸化酶	AMP	ATP、葡糖 -6- 磷酸
糖异生	丙酮酸羧化酶	乙酰 CoA、ATP	AMP
脂肪酸合成	乙酰 CoA 羧化酶	柠檬酸、异柠檬酸	长链脂酰 CoA
氨基酸代谢	L- 谷氨酸脱氢酶	ADP、亮氨酸、蛋氨酸	GTP、ATP、NADH
嘌呤合成	PRPP 酰胺转移酶		AMP、GMP
嘧啶合成	天冬氨酸氨甲酰转移酶		CTP、UTP
核酸合成	脱氧胸苷激酶	dCTP、dATP	dTTP
尿素酶合成	氨甲酰磷酸合成酶 - I	N- 乙酰谷氨酸	

关键酶的别构调节

关键酶，很关键，别构调节有特性。别构酶为多聚体，别构调节酶活性。

调节快短不耗能，动力曲线 "S" 形。

表 12-21　关键酶的别构调节（或别位调节）特点

特点	说明
酶分子常由多个亚基构成	有催化中心和调节中心（而不是都先有催化亚基和调节亚基）
仅酶分子构象变化	效应物与酶相互作用只引起酶分子构象变化，而非构型变化，也不涉及共价键变化
酶构象变化快	调节的效应发生快
效应物与酶分子可逆性结合	一旦效应物与酶解离，酶分子恢复原来构象（即原来的活性状态）
常为不可逆反应	此类酶多为代谢途径的关键酶，所催化的反应常是不可逆反应或限速反应
作用较短暂	别构调节属于快速调节
调节的别构剂多为代谢物	反馈调节的重要方式
反应方程曲线	为 S 型，非米氏方程的矩形双曲线，酶反应动力学不遵循米 - 曼方程
常与化学修饰调节相结合	可使代谢物生成不致过多，使体内能量得到有效利用，使不同的代谢途径相互协调、相互制约，使整个调节通路更精细、更有效

酶促化学修饰调节

酶促修饰能调节，级联放大好效应。共价修饰酶活性，按需调节少耗能。

表 12-22　化学修饰调节的特点

特点	说明
共价修饰	绝大多数化学修饰酶都具有无活性和有活性两种形式，他们之间的正逆两项互变反应由不同的酶催化，均发生共价变化，而催化这种互变反应的酶，又受机体其他调节物质的调控
级联放大反应	由于化学修饰是酶促反应，故有瀑布式级联放大反应，此效应一般比别构效应高
耗能少	磷酸化与脱磷酸化是常见酶促化学修饰反应，一分子亚磷酸化常消耗 1 分子 ATP，远远少于酶蛋白合成所需的能量，因此这种调节方式既经济又有效
按需调控	在各种调控因素的控制下，酶促化学修饰调节同生理需要是相适应的，以调节代谢强度为主

两种调节方式的比较

别构调节与修饰，各有特点又类似。

表 12-23 别构调节与化学修饰的比较

调节方式	别构调节	化学修饰
酶分子特点	由两个以上亚基构成（催化亚基、调节亚基）	具有无活性（或低活性）、有活性（或高活性）两种形式
酶分子改变	别构剂（底物、代谢物、药物）与酶非共价结合，引起酶分子构象改变，导致酶活性改变	由其他酶引起的共价键变化，正逆两项反应由不同的酶催化（磷酸化/脱磷酸化、甲基化/脱甲基化、腺苷化/脱腺苷化、乙酰化/脱乙酰化、SH/-S-S-
能量	不消耗 ATP	消耗 ATP
放大效应	非酶促反应，无放大效应，效率低于化学修饰	酶促反应，有放大效应，经济而效率高
动力学特征	"S"型曲线	
相同点	①都属于快速调节 ②都具有活性和非活性两种形式 ③与酶的合成相比较，消耗 ATP 较少 ④只改变酶的活性，不改变酶的数量	

酶含量的调节

调节酶量有两种：酶的降解与合成。

表 12-24 酶含量调节的两类方式

调节对象	方式	举例或机制
酶蛋白合成的诱导与阻遏	底物对酶合成的诱导	食入蛋白质增多可诱导尿素循环的酶合成
	产物对酶合成的阻遏	胆固醇可阻遏其合成的关键酶 HMG-CoA 还原酶的合成
	激素对酶合成的诱导	胰岛素能诱导糖酵解和脂肪合成关键酶的合成
	药物对酶合成的诱导	苯巴比妥类药物可诱导药物代谢酶的合成
酶蛋白降解	在溶酶体中进行的不依赖 ATP 的过程	改变蛋白水解酶活性或影响蛋白酶从溶酶体释出速度都可间接影响酶蛋白的降解速度
	在胞质中进行的依赖 ATP 和泛素的过程	当泛素与待降解的蛋白质结合时，即可使蛋白质迅速降解

表 12-25　某些酶的诱导与阻遏

诱导剂或阻遏剂	被诱导或阻遏的酶	意义
底物诱导		
食物酪蛋白	鼠肝精氨酸酶	适应氨基酸代谢的需要
血中氨基酸	色氨酸吡咯酶	维持体内氨基酸稳定
	苏氨酸脱水酶	有利于糖异生
	酪氨酸转氨酶	
激素诱导		
糖皮质激素	色氨酸吡咯酶	
	氨基酸分解酶类	促进糖异生
	糖异生关键酶	
胰岛素	糖酵解及脂肪合成关键酶	促进糖的利用及脂肪酸的合成
药物诱导		
苯巴比妥	肝微粒体加单氧酶	与耐药现象有关，治疗新生儿黄疸
	肝微粒体葡糖醛酸转移酶	
产物阻遏		
胆固醇	HMG-CoA 还原酶	胆固醇可通过反馈阻遏减少胆固醇的合成
血红素	ALA 合成酶	血红素可通过反馈阻遏以减少血红素的合成

细胞水平的代谢调节

细胞水平调代谢，一调胞内酶分布，二是关键限速酶，三调酶量酶活性。

表 12-26　细胞水平的代谢调节

调节方式	说明
细胞内酶的分布	
酶的隔离分布	细胞质、细胞核、线粒体等不同部位酶的种类不同
代谢区域化分布	例如，糖酵解、脂肪合成、磷酸戊糖途径等在胞质内进行，三羧酸循环、脂肪酸 β- 氧化、呼吸链氧化在线粒体内进行，核酸的合成在细胞核内进行
限速酶	不同的代谢途径由不同的限速酶（关键酶）控制代谢的速率和方向
调节速度	
快速调节——调节关键酶活性	关键酶的别构调节和共价修饰调节
缓慢调节——调节酶含量	通过诱导和阻遏调节酶的合成量，通过酶的水解调节酶的降解

激素作用特点

激素种类比较多，水溶脂溶两大类。水溶通过膜受体，脂溶受体在胞内，

通过信号转导径，级联放大显神威。

表 12-27 激素种类及作用特点

项目	膜受体激素（水溶性激素）	胞内受体激素（脂溶性激素）
种类	胰岛素、生长激素、促性腺激素、促甲状腺激素、甲状旁腺激素等蛋白质类激素，生长因子等肽类激素及肾上腺素等儿茶酚胺类激素等	类固醇激素、前列腺素、甲状腺激素、$1,25(OH)_2$-维生素 D_3、视黄醇等
化学性质	水溶性（不可通过细胞膜）	脂溶性（可通过细胞膜）
受体性质	细胞膜上糖蛋白及脂蛋白	细胞质及核内糖蛋白及脂蛋白
信号转导方式	激素→与膜受体结合→胞内产生第二信使→激活蛋白激酶→促进蛋白质及酶化学修饰或别构效应→生物学效应	激素→与胞内及核内受体结合→受体构象改变→受体二聚化与激素反应元件结合→促进基因转录→蛋白质及酶→生物学效应

与代谢调节有关的主要激素

体内激素有多种，调节代谢有作用。

表 12-28 与代谢调节有关的主要激素

激素	对代谢的调节作用
胰岛素	促进糖酵解 促进糖原、脂肪、蛋白质生物合成，抑制分解 抑制肝内糖异生作用
胰高血糖素	促进肝糖原分解、抑制糖原合成 促进糖异生作用 促进三酰甘油分解，抑制脂肪酸合成
肾上腺素	促进肝、肌糖原分解 抑制肌肉摄取葡萄糖 促进三酰甘油分解 促进胰高血糖素分泌、抑制胰岛素分泌
肾上腺皮质激素	促进糖异生作用 促进氨基酸分解 调节水、电解质代谢
甲状腺激素	促进基础代谢
生长激素	促进蛋白质生物合成

饥饿时体内物质代谢的变化

饥饿缺糖供能量，燃烧蛋白和脂肪，大大增强糖异生，酮体增加又负氮。

表 12-29 正常饮食和饥饿时不同组织器官的供能物质

组织器官	正常饮食	短期饥饿	长期饥饿
骨骼肌和心肌	葡萄糖、少量脂肪酸和酮体	脂肪酸、酮体	脂肪酸（酮体优先供脑）
红细胞	葡萄糖	葡萄糖	葡萄糖
大脑	葡萄糖	葡萄糖、酮体	酮体、葡萄糖
肝	脂肪酸、氨基酸、少量葡萄糖	脂肪酸、氨基酸	脂肪酸、氨基酸

应激时机体的代谢改变

物质代谢应激时，分解代谢常增强，合成代谢暂受抑，克服伤害渡难关。

表 12-30 应激时机体的代谢改变

内分泌腺或组织	代谢改变	血中含量
腺垂体	ACTH 分泌增加	ACTH ↑
	生长激素分泌增加	生长素 ↑
胰腺 α- 细胞	胰高血糖素分泌增加	胰高血糖素 ↑
β- 细胞	胰岛素分泌抑制	胰岛素 ↓
肾上腺髓质	去甲肾上腺素及肾上腺素分泌增加	肾上腺素 ↑
肾上腺皮质	皮质醇分泌增加	皮质醇 ↑
肝	糖原分解增加	葡萄糖 ↑
	糖原合成减少	
	糖异生增强	
	脂肪酸 β- 氧化增加	
	酮体生成增加	酮体 ↑
肌肉	糖原分解增加	乳酸 ↑
	葡萄糖的摄取利用减少	葡萄糖 ↑
	蛋白质分解增加	氨基酸 ↑
	脂肪酸 β- 氧化增强	
脂肪组织	脂肪分解增强	游离脂肪酸 ↑
	葡萄糖摄取及利用减少	甘油 ↑
	脂肪合成减少	

注释：应激时糖、脂肪、蛋白质代谢的特点是分解代谢增强，合成代谢受到抑制，血液中分解代谢产物如葡萄糖、氨基酸、游离脂肪酸、甘油、乳酸、酮体、尿素等含量增加。

肥胖

肥胖具有危害性，易患心脑血管病。

表 12-31　肥胖产生的主要原因及对机体的危害

项目	说明
肥胖的原因及机制	较长时间的能量摄入大于消耗 ① 抑制食欲激素（瘦素、缩胆囊素、α-促黑激素）功能障碍 ② 刺激食欲激素（生长激素释放肽、神经肽 Y）功能异常增强 ③ 肥胖患者脂连蛋白表达缺陷，血中水平降低 ④ 胰岛素抵抗致高胰岛素血症
肥胖的危害性	肥胖人群患动脉粥样硬化、冠心病、脑卒中、糖尿病、高血压等疾病的风险显著高于正常人

第十三章　真核基因与基因组

一、真核基因的结构与功能

真核基因的基本结构

编码序列外显子，插入序列内含子，二者相间来排列，断裂基因称其名。

编码区域在中间，调节序列位两侧，上游含有启动子，终止密码在下游。

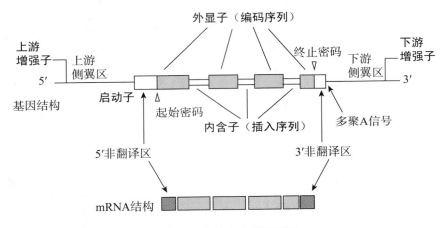

图 13-1　真核生物断裂基因

调控序列

调控序列在上游，基因表达可调控。

表 13-1　调控序列的主要组成及作用

组成	作用
启动子	提供启动转录信号
Ⅰ类启动子	富含 GC 碱基对，这类基因主要编码 rRNA
Ⅱ类启动子	具有 TATA 盒结构，这类基因主要编码蛋白质（mRNA）和一些小 RNA
Ⅲ类启动子	包括 A 盒、B 盒和 C 盒，这类基因编码 rRNA、tRNA 等
增强子	增强邻近基因的转录
沉默子	负调节元件

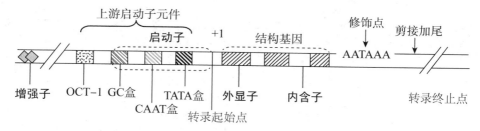

图 13-2　真核基因的一般结构

OCT-1:ATTGCAT 八聚体

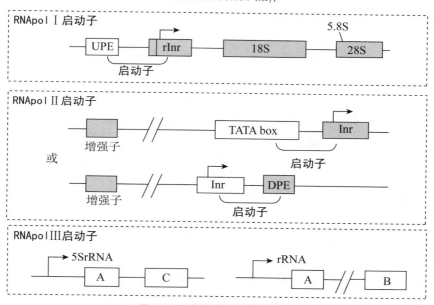

图 13-3　真核基因三类启动子

UPE，上游启动子元件（upstream promoter element）；rInr，核糖体起始因子 (ribosomal initiator)；Inr，起始原件（initiator element）；DPE，下游启动子元件（downstream promoter element）

二、真核基因组的结构特点

真核基因组特点

重复序列占大量，编码序列则不多；多基家族假基因，存在数量相当多；
具有可变剪切性，基因总数两万多；组装形成染色体，细胞核中储存着。

表 13-2　真核基因组的结构特点

特点	说明
基因的编码序列所占比例小	占 1% ~ 5%，远小于非编码序列
含大量重复序列	可分高度、中度和低度重复序列三种

续表

特点	说明
存在多基因家族和假基因	一个多基因家族可有多个基因，假基因是不能表达 DNA 的序列
具有可变剪切性	约 60% 的基因具有可变剪切性
基因组 DNA 和蛋白质结合形成染色体，储存于细胞核中	①除配子细胞外，体细胞的基因组为二倍体 ②人基因组分布在 22 对常染色体及 2 条性染色体上，但不是均匀分布 ③线粒体 DNA 是核外遗传物质，可以独立编码线粒体中的一些蛋白质
人基因组有 2 万多个基因	说明基因组大小和基因组数量在生物进化中可能并不重要，人的基因较其他生物体更为有效

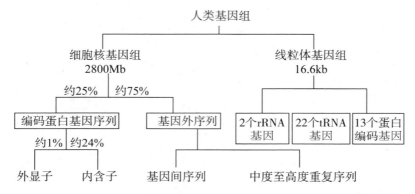

图 13-4 人的基因组成

人类基因组包含了细胞核染色体 DNA（常染色体和性染色体）及线粒体 DNA 所携带的所有遗传物质

真核与原核基因组的比较

真核原核基因组，二者差异在结构。

表 13-3 真核生物与原核生物基因组比较

	真核生物基因组	原核生物基因组
基因组数目	多（约含 4 万以上基因）	少（不超过 4 千基因）
存在形式	二倍体，染色体结构，线状 DNA 为主	单倍体，不形成染色体，cccDNA
基因连续性	不连续（断裂基因）	连续基因
内含子	含有内含子	不含内含子
重复序列	大量存在，并以高度和中度为主	少量存在
复制起始点	多个	只有 1 个
转录调控单位	转录起始和终止较复杂，无操纵子	均为操纵子结构，启动和终止较简单
可移动的 DNA 序列	少，逆转座子	多，插入序列和转座子
基因转录产物	单顺反子	多顺反子

🔖 线粒体基因组

遗传物质在核外，线粒体有 DNA。独立编码蛋白质，不同核内基因组。

表 13-4　线粒体基因组和染色体基因组的比较

	染色体基因组	线粒体基因组
大小（完成全测序的时间）	3.28×10^9bp（2004 年）	16569bp（1981 年）
DNA 分子的类型	23 个（女性）或 24 个（男性）线性 DNA 分子	1 个环形 DNA 分子
每个细胞所含的 DNA 分子	不同倍性的细胞各异，如二倍体细胞为 46 个	通常为几千个拷贝
相关蛋白	不同类型的组蛋白和非组蛋白	没有蛋白
蛋白质编码基因数目	21000 个左右	13 个
RNA 基因数目	不确定，> 8000 个	24 个
基因密度	不确定，约 1/120kb	1/0.45kb
重复 DNA	超过核基因组的 50%	很少
转录	通常基因是独自转录的	重链和轻链同时产生多个基因转录物
内含子	大多数基因含有内含子	没有内含子
蛋白质编码序列的百分比	约 1.1%	约 66%
密码子	61 个氨基酸密码子和 3 个终止密码子	60 个氨基酸密码子和 4 个终止密码子
重组	减数分裂时每对同源染色体至少发生 1 次重组	没有重组现象
遗传方式	X 染色体和常染色体呈孟德尔式遗传，Y 染色体呈父系遗传	主要呈母系遗传

第十四章 DNA 的生物合成

一、染色体 DNA 复制的特征

DNA 复制的特征

生长点成复制叉，容易辨识起始点，

双向复制需引物，复制需要多种酶，

半不连续半保留，产物忠实不易变。

表 14-1 染色体 DNA 复制的一般特征

复制的特征	说明
半保留复制	子代细胞的 DNA，一般一股单链从亲代完整地接受过来，另一股单链则完全重新合成，两个子细胞的 DNA 都和亲代 DNA 碱基序列一致
DNA 复制的生长点形成复制叉	DNA 双链解开分成两股，各自作为模板，子链沿模板延长形成 Y 字形结构
双向复制	复制时，DNA 从起始点向两个方向解链，形成两个延伸方向相反的复制叉
半不连续复制	在 DNA 复制过程中，以 $3' \rightarrow 5'$ DNA 链为模板的子链能连续合成，以 $5' \rightarrow 3'$ DNA 链为模板只能合成若干反向互补的 $5' \rightarrow 3'$ 冈崎片段，这些片段再相连成随从链，故名半不连续复制
复制起点由多个短重复序列组成	这种独特的短重复序列一般富含 AT，利于双螺旋 DNA 解旋，以产生单链 DNA 复制模板；这些短重复序列可被复制起始因子所识别并结合
复制必须有引物	多数 DNA 复制使用 RNA 引物，个别 DNA 复制以 DNA 或核苷酸为引物，提供自由的 3'-OH 末端，通过加入核苷酸使之不断延长
需要多种酶参与	DNA 复制需要解旋、引发、延长、终止等步骤才能完成，因此需要多种酶参与
具有高度忠实性	DNA 聚合酶具有合成前误差控制和校正控制功能；复制起始必须利用引物，是确保 DNA 复制忠实性的重要机制之一；细胞修复也是 DNA 复制高度忠实性的重要因素，从而使产物 DNA 的性质与模板相同

二、DNA 复制的酶学和拓扑学变化

参与 DNA 复制的物质

参与复制物质多，模板底物多种酶。

表 14-2 参与 DNA 复制的物质及其功能

参与 DNA 复制的物质	功能
模板	解开成单链的两条 DNA 母链
底物	即 dATP、dGTP、dCTP 和 dTTP（总称 dNTP），是合成 DNA 的原料
DNA 聚合酶	参与 dNTP 聚合成 DNA 子链，还具有错误校读、修复和修补空隙等作用
解旋酶（DnaB）	解开 DNA 双螺旋的双链
拓扑异构酶	拓扑异构酶Ⅰ切断 DNA 一条链，拓扑异构酶Ⅱ切断 DNA 两条链，二者都能水解磷酸二酯键，又能连接磷酸二酯键，使双螺旋松弛
引物酶（DnaG）和引物	引物酶合成引物。引物是由引物酶催化合成的短链 RNA 分子，提供 3'-OH 末端使 DNA 可以依次聚合
单链DNA 结合蛋白（SSB）	维持模板处于单链状态
DNA 连接酶	连接碱基互补基础上的双链中的单链切口，使 DNA 分子连接在一起

DNA 聚合酶

原核 DNA 合酶，共有ⅠⅡⅢ三种，三者作用有分工，其中酶Ⅲ最管用。

真核 DNA 合酶，对应原核有五种。

表 14-3 真核生物和原核生物 DNA 聚合酶的比较

E.coli	真核细胞	功能
Ⅰ		填补复制中的 DNA 空隙，DNA 修复和重组
Ⅱ		复制中的校对，DNA 修复
	β	DNA 修复
	γ	线粒体 DNA 合成
Ⅲ	ε	错配修复
	α	引物酶
	δ	前导链和后随链合成，错配修复

DNA 复制保真性机制

复制保真三机制：碱基配对严遵守，酶选碱基很正确，出错及时能校读。

表 14-4 复制保真性的酶学依据

DNA 复制保真性机制	说明
遵守严格的碱基配对规律	碱基标准配对：A-T，C-G

续表

DNA 复制保真性机制	说明
聚合酶在复制延长时对碱基的正确选择	① DNA 聚合酶靠其大分子结构协调非共价键（氢键）与共价键（磷酸二酯键）的有序形成 ② 嘌呤的化学结构能形成顺式和反式效应，与相应的嘧啶形成氢键配对，嘌呤应处于反式构型
复制出错时 DNA-pol 有及时校读功能	① 核酸外切酶活性 $3' \rightarrow 5'$ 外切酶活性：能辨认错配的碱基对并将其水解 $5' \rightarrow 3'$ 外切酶活性：能切除突变的 DNA 片段 ② 应用 DNA-pol $5' \rightarrow 3'$ 聚合酶和 $3' \rightarrow 5'$ 核酸外切酶活性，参与 DNA 复制过程中的及时校读

三、原核生物 DNA 复制过程

DNA 的复制

DNA 复 DNA，双链解开各新配，A-T、G-C 对应补，成链有赖聚合酶，半旧半新两子链，形若单轨分双轨。

表 14-5　原核生物 DNA 复制过程

复制过程	说明
复制起始	
辨认起始点，形成引发体	DnaA 蛋白辨认起始点，DnaB 蛋白有解螺旋作用，Dna C 蛋白使 DnaB 组装到复制起始点，引物酶合成引物。引发体是由 DnaA 蛋白、DnaB 蛋白（解旋酶）、DnaC 蛋白、引物酶和 DNA 的起始复制区域共同形成的一个复合结构
双链 DNA 解成单链	由解旋酶、拓扑酶、单链 DNA 结合蛋白（SSB）配合形成复制叉
引物生成	前导链与后随链分别由引发体中引物酶催化合成引物，后随链在复制中需多次生成引发体。引物为 DNA 聚合酶提供 3'-OH 末端，使 DNA 复制可以开始
复制方向	原核生物例如 E.coli，是从固定的起始点 oriC 开始，只有一个复制起始点，同时向两个方向进行复制，称为双向复制
复制的延长	在 DNA 聚合酶Ⅲ作用下，按照与模板碱基配对原则，逐个催化加入脱氧核苷酸。由于 DNA 双链的走向相反，复制时两条子链复制的走向也相反。前导链可顺着解链方向延伸，后随链复制方向与解链方向相反，复制时需要解链达足够长度，然后在引发体作用下，合成许多冈崎片段，所以 DNA 复制具有半不连续性
复制的终止	复制的最后阶段，由 RNA 酶切去前导链和后随链中的引物，引物空隙由 DNA pol I 以 dNTP 为原料延长填补。DNA 连接酶在 ATP 供能情况下，催化 DNA 链 3'-OH 末端与相邻 DNA 5'-P 末端，形成 3'-5'- 磷酸二酯键，成为连续的子链，从而完成 DNA 的复制过程

四、真核生物 DNA 复制过程

真核生物 DNA 复制所需物质

真核 DNA 复制，所需物质有多种。

表 14-6 真核生物染色体 DNA 复制所需要的 DNA 聚合酶及其他蛋白质分子

名称	结构特点	活性	在 DNA 复制中的作用	说明
DNA 聚合酶 α	4 个亚基	聚合酶 引物酶	合成长为 8～10 个核苷酸的 RNA 引物，再合成约 30 个核苷酸的 DNA，然后改由 δ 和 ε 酶继续延伸 DNA 链	缺少 $3' \rightarrow 5'$ 外切酶活性
DNA 聚合酶 δ	2 个亚基	聚合酶 $3' \rightarrow 5'$ 外切酶	延伸 DNA 链	需 PCNA 为辅因子
DNA 聚合酶 ε	5 个亚基	聚合酶 $3' \rightarrow 5'$ 外切酶	延伸 DNA 链	不依赖 PCNA
DNA 聚合酶 β			DNA 损伤的修复	
DNA 聚合酶 γ			线粒体基因组的复制	
PCNA		DNA 聚合酶 δ 的辅助蛋白	PCNA 沿 DNA 滑动，使聚合酶 δ 不会从 DNA 上滑落	
RF-C	5 个亚基		负责将 PCNA 套在 DNA 上	
RF-A		单链 DNA 结合蛋白	维持 DNA 局部单链结构	
RNase H1		核酸酶	切除 RNA 引物，但在冈崎片段上保留一个核糖核苷酸	
FEN1		核酸内切酶	切除冈崎片段上保留的一个核糖核苷酸	

注释：PCNA，增殖细胞核抗原；RF，复制因子；RNase H1，核糖核酸酶 H1。

复制的起始

复制方向为双向，多个复制起始点，DnaA 辨起始点，准确复制可保险。

表 14-7 复制的起始

	原核生物的复制起始	真核生物的复制起始
起始点	*oriC*	多个复制起始点
复制单位	1 个	多个
复制方向	双向	双向，多个复制单位
电镜图像	Y 型（复制叉）	不清
起始点辨认	DnaA 蛋白	可能有"蛋白质-DNA 复合物"参与

📖 DNA 复制延长过程

原核真核DNA，复制延长相对比，基本过程很相似，具体细节有差异。

表14-8　原核生物和真核生物DNA复制延长过程的比较

比较项目	原核生物 DNA 复制	真核生物 DNA 复制
催化延长的酶	DNA-pol Ⅲ	DNA-pol δ
催化引物酶活性的蛋白质	Dna G	DNA-pol α
引物长度	较长	较短
复制类型	单复制子复制	多复制子复制。在每个复制子上，领头链都要生成引物，后随链需多次生成引物
冈崎片段长度	较长	较短
子链聚合速度（就一个复制子而论）	较快	较慢

📖 端粒酶的生物学意义

端粒长度的维持，衰老恶变有关系。

表14-9　端粒酶的生物学意义

端粒酶的生物学意义	说明
维持端粒于一定长度	新合成的DNA分子可能会缩短，端粒酶可结合到端粒3'端，以自身RNA为模板合成端粒重复序列，使端粒DNA链延长
与细胞衰老有关	端粒长度控制细胞衰老的进程，保护性端粒酶的减少，可能制约细胞的增殖能力，细胞停止分裂而衰老
可能与肿瘤的发生有关	端粒酶的激活，可能是恶性肿瘤发生过程中的一个重要现象。端粒酶使肿瘤细胞端粒DNA不缩短，而成为"永生性"细胞

📖 原核生物与真核生物复制的比较

原核真核之复制，各有特点又相似。

表14-10　原核生物和真核生物复制的比较

比较项目	原核生物	真核生物
复制起始点	一个，可多次启动	多个，不能多次启动
聚合酶种类	3种，DNA-pol Ⅰ、Ⅱ、Ⅲ	5种，DNA-pol α、β、γ、δ、ε
复制子	单个	多个

续表

比较项目	原核生物	真核生物
解链	解旋酶	DNA 聚合酶 δ
引物组成	RNA	RNA,DNA
引物长度	长	短
引物生成	引物酶	DNA 聚合酶 α
切除引物的酶	DNA 聚合酶 I	RNA 酶，核酸外切酶
冈崎片段	长	短
复制方式	θ 型复制，滚环复制，D 环复制	多复制子双向复制，D 环复制（线粒体）
端粒，端粒酶	无	有
复制速度	较快	较慢，但有多个复制起始点，可同时进行复制
复制与细胞周期	在一个细胞周期中可复制多次	复制只发生在细胞周期的 S 期，每个周期只复制一次
相同点	① 底物都是 dNTP ② 催化方向均为 5′ → 3′ ③ 均为双向复制 ④ 催化方式均为生成磷酸二酯键，并释放焦磷酸（PPi）	

五、逆转录和其他复制方式

逆转录酶的特点

用 RNA 作模板，合成杂合 DNA；

水解其中 RNA，留下单链 DNA；

利用单链 DNA，合成双链 DNA；

校对功能较缺乏，错误产品难避免。

表 14-11　逆转录酶的特点

逆转录酶的特点	说明
具有 RNA 指导的 DNA 聚合酶活性	能利用 RNA 作模板，在其上合成一条互补的 DNA 链，形成 RNA-DNA 杂合分子
具有 RNase H 的活性	能专门水解 RNA-DNA 杂合分子中的 RNA
具有 DNA 指导的 DNA 聚合酶活性	能在新合成 DNA 链上合成另一条互补的 DNA 链，形成双链 DNA 分子
没有 3′ → 5′ 外切酶活性	没有校对功能，有相当高的出错率。RNA 病毒有很高的进化率，可使致病病毒较快地生成新病毒株

逆转录复制的过程

杂化双链先生成，RNA链被水解，留下单链DNA，作为模板制双链。

表 14-12   逆转录复制过程

逆转录复制过程	说明
杂化双链的生成	逆转录酶以病毒基因组RNA为模板，催化dNTP聚合生成DNA互补链，产物是RNA/DNA杂化双链（首先也要合成一段引物）
单链DNA的生成	杂化双链中的RNA被逆转录酶水解，只剩下DNA单链
双链DNA的生成	用RNA分解后剩下的DNA单链为模板，由逆转录酶催化合成第二条DNA互补链

逆转录酶的研究意义

逆转录酶意义大，中心法则得补充。研究RNA病毒，方法又有新途径，
制备cDNA基因，基因工程添试剂。

表 14-13   逆转录酶研究的意义

研究意义	说明
加深了对中心法则的认识	逆转录现象是对中心法则内容的补充，表明少数RNA也是遗传信息的携带者，有的RNA还有催化功能，故有人认为RNA分子也是处于生命活动中心位置的物质
拓宽了RNA病毒致癌致病研究	如肿瘤、艾滋病等，通过对相应逆转录酶的研究，为这些疾病的防治提供了重要线索和途径
可作为研究DNA-RNA关系及DNA克隆的试剂	可用于制备cDNA，获取基因工程目的基因

其他复制方式

其他复制方式有：D环滚环逆转录。

表 14-14   其他复制方式

染色体外的遗传物质	复制方式	说明
RNA病毒	逆转录	反应需要逆转录酶
ψX174、M13噬菌体	滚环复制	低等生物的复制形式
线粒体DNA	D-环复制	需要DNA-pol γ

生物界DNA合成的方式

生物界中DNA，合成方式分三类：

主为DNA复制，受损修复DNA，

还以模板RNA，反转录成DNA。

表14-15　生物界DNA的合成方式

DNA合成方式	说明
DNA复制	细胞增殖时，DNA通过复制使遗传信息从亲代传递到子代
修复合成	DNA受到损伤后进行修复，需要进行局部的DNA合成，以保证遗传信息的稳定遗传
逆转录合成	以RNA为模板，由逆转录酶催化合成DNA

第十五章　DNA 损伤与修复

一、DNA 损伤

损伤 DNA 的体内因素

体内因素有数种，可能损伤 DNA。复制过程易犯错；
自身不稳 DNA；代谢产生活性氧，亦可损伤 DNA。

表 15-1　损伤 DNA 的体内因素

体内因素	说明
DNA 复制的错误	在 DNA 复制时，碱基的异构突变，4 种 dNTP 之间的浓度不平衡等可引起碱基错配；片段缺失或插入亦可造成复制错误
DNA 自身不稳定	重要因素
代谢产生的活性氧	可修饰碱基

损伤 DNA 的体外因素

理化生物等因素，均可损伤 DNA。

表 15-2　损伤 DNA 的体外因素

体外因素	说明
物理因素	如电离辐射、紫外线照射均可损伤 DNA
化学因素	自由基、碱基类似物、碱基修饰物、嵌入染料等
生物因素	某些病毒、真菌产生的毒素和代谢产物

DNA 损伤的类型

病因损伤 DNA，损伤类型分四类：
DNA 链有断裂，碱基之间有错配，
DNA 链有交联，碱基损伤糖错配。

表 15-3　DNA 损伤的类型

DNA 损伤的类型	说明
碱基损伤与糖基错配	导致 DNA 链上形成不稳定点，最终导致 DNA 链断裂
碱基之间错配	例如，组成 RNA 的尿嘧啶代替胸腺嘧啶掺入到 DNA 分子中
DNA 链断裂	多种因素可致 DNA 断裂
DNA 链共价交联	可发生 DNA 链间交联、DNA 链内交联、DNA- 蛋白质交联等

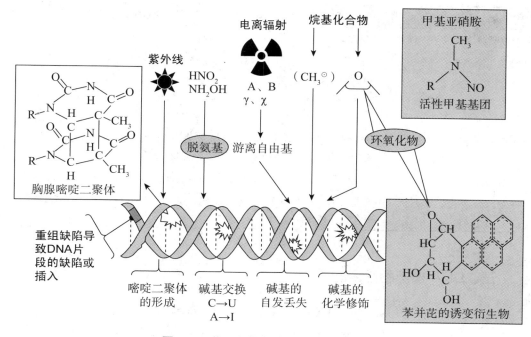

图 15-1　物理和化学因素对 DNA 的损伤

二、DNA 损伤的修复

DNA 损伤的修复方式

修复受损 DNA，修复方式分四类：
直接修复或切除，跨越损伤或重组。

表 15-4　DNA 损伤的修复方式

修复方式	说明
直接修复	如嘧啶二聚体的直接修复、烷基化碱基的直接修复、无嘌呤位点的直接修复、单链断裂的直接修复等
切除修复	最普通的修复 DNA 方式，如碱基切除修复、核苷酸切除修复、碱基错配修复
重组修复	严重损伤时需进行重组修复，如同源重组修复、非同源末端连接的重组修复
跨越损伤修复	细胞诱导一个或多个应急途径，跨越过损伤部位先进行复制，再设法修复，有重组跨越损伤修复和合成跨越损伤修复两种类型

表 15-5 常见的 DNA 损伤修复途径

修复方式	修复对象	参与修复的酶或蛋白
光复活修复（直接修复）	嘧啶二聚体	光复活酶
碱基切除修复	受损的碱基	DNA 糖基化酶、无嘌呤嘧啶核酸内切酶
核苷酸切除修复	嘧啶二聚体、DNA 螺旋结构的改变	大肠埃希菌中 UvrA、UvrB、UvrB、UvrC 和 UvrD，人 XP 系列蛋白 XPA、XPB、XPC……XPG 等
错配修复	复制或重组中的碱基配对错误	大肠埃希菌中 MutH、MutL、MutS，人的 MLH1、MSH2、MSH3、MSH6 等
重组修复	双链断裂	RecA 蛋白、Ku 蛋白、DNA-PKcs、XRCC4
跨越损伤修复	大范围的损伤或复制中来不及修复的损伤	RecA 蛋白、LexA 蛋白以及其他类型 DNA 聚合酶

三、DNA 损伤和修复的意义

DNA 损伤和修复的意义

损伤效应双重性，肿瘤免疫有关联，修复影响人衰老，修复力强可延年。

表 15-6 DNA 损伤和修复的意义

意义	说明
DNA 损伤具有双重效应	一方面可造成细胞功能障碍甚可致死，另一方面可因突变而发生进化
与肿瘤等多种疾病相关	①DNA 损伤修复系统缺陷易引起肿瘤 ②DNA 损伤修复缺陷易引起人类遗传病，如着色性干皮病、共济失调、毛细血管扩张症等
DNA 损伤修复影响衰老过程	DNA 损伤修复能力强者的寿命较长
DNA 损伤修复缺陷与免疫性疾病相关	DNA 修复功能先天性缺陷的患者免疫系统也常有缺陷

突变的意义

遗传基因有突变，结果有利亦有弊。

有利进化与分化，可以改变基因型，

可杀有害病原体，可除致病性基因；

有害结果也应知，可生某些遗传病，

可生新的病原体，致死基因要人命。

表 15-7　突变的意义

突变的意义	说明
有利的结果	
进化、分化的分子基础	进化过程是由不断发展的突变所造成的，由于有了突变，才有了五彩缤纷的生物世界
基因型改变，而表现型不变	常用多态性来描述个体之间的基因型差别，多用于疾病的预防和诊断
消灭有害的病原体及可致病基因	多发生在对生命过程至关重要的基因上，常被人们用于杀灭一些有害的病原体
有害的结果	
个体死亡	发生致死性突变
出现新的病原体	有些微生物突变可产生对人的致病性或使致病性增强
发生某些遗传性疾病	有害的突变易引起遗传性疾病或有遗传倾向的疾病

与DNA修复缺陷有关的人类遗传病

人类某些遗传病，修复缺陷在基因。

表 15-8　DNA 损伤修复系统缺陷相关的人类疾病

疾病	易患疾病或症状	修复系统缺陷
着色性干皮病（XP）	皮肤癌、黑色素瘤	核苷酸切除修复
遗传性非息肉性结肠癌	结肠癌、卵巢癌	错配修复
遗传性乳腺癌	乳腺癌、卵巢癌	同源重组
Bloom 综合征	白血病、淋巴瘤	非同源末端连接重组修复
范科尼贫血	再生障碍性贫血、白血病、生长迟缓	重组跨越损伤修复
Cockyne 综合征	视网膜萎缩、侏儒、耳聋、早衰、对 UV 敏感	核苷酸切除修复、转录偶联修复
毛发硫营养不良症	毛发易断、生长迟缓	核苷酸切除修复

第十六章　RNA 的生物合成

复制与转录的比较

复制转录相对比，有的雷同有相异。

表 16-1　复制与转录的比较

	复制	转录
定义	以 DNA 为模板复制 DNA 的过程	以 DNA 为模板转录合成 RNA 的过程
不同点		
模板	两股 DNA 链都复制	模板链转录（不对称转录）
原料	dNTP（dATP、dGTP、dCTP、dTTP）	NTP（ATP、GTP、CTP、UTP）
配对	$A=T,G\equiv C$	$A=U,G\equiv C,T=A$
酶	DNA 聚合酶（DNA-pol）	RNA 聚合酶（RNA-pol）
产物	子代双链 DNA（半保留复制）	mRNA、tRNA、rRNA
引物	需要以 RNA 为引物	不需要
特点	半保留、半不连续复制	不对称转录
相同点	① 都是酶促的核苷酸聚合过程 ② 都是以 DNA 为模板 ③ 都是以核苷酸为原料 ④ 合成方向都是 $5'\rightarrow 3'$ ⑤ 核苷酸之间都以磷酸二酯键相连 ⑥ 服从碱基配对规则 ⑦ 都需要依赖 DNA 的聚合酶 ⑧ 产物都是很长的多核苷酸链	

一、原核生物 RNA 聚合酶

原核生物 RNA 聚合酶的组成

四种亚基一因子，构成 RNA 合酶。亚基构成核心酶，加上因子成全酶。

表 16-2 原核生物的 RNA 聚合酶

组分	酶分子中的数量	功能	说明
α 亚基	2	参与聚合酶的组装，转录的起始，与调节蛋白相互作用（决定哪些基因被转录）	转录时不脱落
β 亚基	1	参与转录的起始和延伸（催化）以及核苷酸间的聚合反应	利福平或利福霉素的作用位点
β' 亚基	1	结合 DNA 模板（开链），也参与转录的全过程	是 RNA-pol 与 DNA 模板结合相依附的组分
ω 亚基	1	在体外为变性的 RNA 聚合酶成功复性所必需	
σ 因子	1	启动子的识别（辨认转录起始点）	转录延长时脱落

注释：由 ααββ' 构成的聚合酶称为聚合酶的核心酶，由 ααββ'σ 构成的聚合酶称为聚合酶的全酶。

原核生物 RNA 聚合酶的功能

原核 RNA 聚合酶，转录调控均有为。

表 16-3 原核生物 RNA 聚合酶的功能

转录过程	RNA 聚合酶的作用
转录的起始	① 识别 DNA 分子中的转录起始点 ② 促使与酶结合的 DNA 双链分子打开 17 个碱基对
转录的延长	催化适当的 NTP 3′，5′-磷酸二酯键相连接，如此连续地进行聚合反应，完成一条 RNA 转录文本
转录的终止	识别 DNA 分子中转录终止信号，促使聚合酶反应停止
转录的调控	RNA 聚合酶还参与转录水平的调控

参与 RNA 转录的成分及作用

参与 RNA 转录，主要成分分五类：NTP 与 DNA，ρ 因子与聚合酶。

表 16-4 参与 RNA 转录的成分及作用

参与 RNA 转录的组分	在转录中的作用
DNA	转录的模板
NTP	合成 RNA 的原料
全酶	与起始点 DNA 结合，启动转录。其中 σ 因子辨认 DNA 的转录起始点
RNA 聚合酶	以 DNA 为模板、NTP 为原料合成 RNA
ρ 因子	识别 DNA 的转录终止信号

二、原核生物的转录过程

🖋 RNA 的转录

DNA 转 RNA，A-U、G-C 双双配。

起止信号选择性，新链链接棒靠酶。

表 16-5　原核生物 RNA 的生物合成过程

合成过程	说明
转录起始阶段	
RNA 聚合酶的 σ 因子辨认启动子	RNA 聚合酶以全酶结合到模板启动子，σ 因子辨认启动信号，解开一段 DNA 双链，暴露单链模板，形成转录泡
转录起始复合物的形成	以 4 种 NTP 为原料，按碱基互补原则依次与模板链上的相应碱基配对（A-T，U-A，G-C）。在起始点上，两个与模板链配对的核苷酸，在 RNA 聚合酶的催化下，以 3′,5′- 磷酸二酯键相连，形成 RNA 聚合酶全酶、模板和转录 5′ 端首位的四磷酸二核苷酸组成的转录起始复合物。RNA 5′ 端总是三磷酸嘌呤核苷酸 GTP（最常见）或 ATP
σ 因子脱落	脱落的 σ 因子可与另一核心酶结合成全酶而被反复利用
转录延长阶段	核心酶向模板链下游移动，催化与模板链相配对 NTP 的聚合，在转录起始复合物 3′-OH 端逐个加入 NTP 形成 RNA 链，合成方向为 5′ → 3′。转录过程未完全终止，即可开始进行翻译
转录终止阶段	
依赖于 ρ 因子的转录终止	ρ 因子与 RNA 转录产物结合，使 RNA 聚合酶停顿，ρ 因子的解旋酶活性使 DNA/RNA 杂化双链解离，释放出 RNA 链
非依赖于 ρ 因子的转录终止	由新合成的 RNA 链 3′ 端形成茎环结构以及随后的一连串的寡聚 U 引起，前者使 RNA 聚合酶不再前移，后者有利于 RNA 链与模板链脱离，因 U-A 碱基配对最不稳定

三、真核生物 RNA 的生物合成

🖋 RNA 聚合酶

真核 RNA 聚合酶，各酶胞器有定位。

酶 I 存在核仁中，酶 II 酶 III 核质内。

RNA 聚合酶 Mt，线粒体中来定位。

表 16-6 真核生物 RNA 聚合酶的种类和性质

酶的种类	细胞内定位	功能	对 α- 鹅膏蕈碱反应
RNA 聚合酶 I	核仁	合成 45S rRNA 前体，经加工产生 5.8S rRNA、18S rRNA 和 28S rRNA	不敏感
RNA 聚合酶 II	核质	合成所有 mRNA 前体（hnRNA）和大多数核内小 RNA（snRNA）	敏感
RNA 聚合酶 III	核质	合成小 RNA，包括 tRNA、5S rRNA、U6snRNA 和 scRNA	中等敏感
RNA 聚合酶 Mt	线粒体	合成线粒体内的 RNAs	对 α- 鹅膏蕈碱不敏感，对利福平敏感

原核生物与真核生物 RNA 聚合酶的比较

原核真核聚合酶，结构功能似雷同。

表 16-7 原核生物与真核生物 RNA 聚合酶的比较

原核生物 RNA 聚合酶	真核生物 RNA 聚合酶
不同点	
种类 / 功能 1 种（RNA-pol），5 个亚基（$\alpha_2\beta\beta'\sigma$）RNA-pol 具有合成 mRNA、tRNA、rRNA 的功能。没有校对功能，缺乏 3′-5′ 外切酶活性 α_2：位于启动子上游，与转录频率有关 β：与底物 NTP 结合，形成磷酸二酯键 β'：酶与模板结合的主要部位 σ：起始因子（无催化活性）	3 种（RNA-pol I、II、III） I：定位核仁，转录 45S rRNA 基因 II：定位核质，转录产生 hnRNA → mRNA III：定位核质，转录产生 tRNA、5S rRNA、snRNA
相同点	① 均以 DNA 双链中的一股链为模板 ② 均以四种 NTP 为底物 ③ 均从 5′ → 3′ 方向生成 RNA ④ 需要 Mg^{2+} 参与酶的激活，不需要引物 ⑤ 按模板的碱基顺序及碱基互补原则，即 A-U、T-A、G-C、C-G，严格挑选出正确的底物（NTP），以 3′, 5′-磷酸二酯键相连 ⑥ 合成是连续进行的 ⑦ 可识别 DNA 分子中的转录终止信号，使转录作用在终止信号处特异地终止 ⑧ 只有聚合活性，没有降解活性，故 RNA 聚合酶没有校对功能 ⑨ 可与激活蛋白、阻遏蛋白相互作用，调节基因表达 ⑩ 易受一些抑制剂的影响

不同聚合酶的比较

聚合酶有好几种，相互比较有异同。

表 16-8   不同聚合酶的比较

	DNA 聚合酶	逆转录酶	RNA 聚合酶	RNA 复制酶
模板	DNA	RNA	DNA	RNA
原料	dNTP	dNTP	NTP	NTP
特点	依赖 DNA 的聚合酶	依赖 RNA 的聚合酶	依赖 DNA 的聚合酶	依赖 RNA 的聚合酶
相同点	① 都是在核苷酸之间形成磷酸二酯键 ② 延伸方向都是 5′ → 3′ ③ 都遵循碱基互补配对的原则			

转录抑制剂

几种转录抑制剂，能抑聚合酶活性。

表 16-9   转录抑制剂对 RNA 聚合酶的影响

抑制剂	靶酶	抑制机制
利福平	原核生物全酶	与 β 亚基结合，阻遏转录起始
利福霉素	原核生物核心酶	与 β 亚基结合，阻遏 RNA 链延伸
放线菌素 D	真核生物聚合酶 I	与模板链结合，阻遏 RNA 链延伸
α- 鹅膏蕈碱	真核生物聚合酶 II	与聚合酶 II 结合，影响聚合功能

RNA 的转录过程

RNA 在转录中，基本过程分三步：
起始延长与终止，原核真核不相同。

表 16-10   RNA 的转录过程

	原核生物 RNA 转录	真核生物 RNA 转录
转录单位	1 个转录单位含 1、2 或十余个结构基因	1 个转录单位含 1 个结构基因
起始	不需要引物	不需要引物
启动子	σ 因子	多种蛋白质参与，比原核生物复杂
增强子	无	有
参与启动的酶	RNA-pol 全酶（以 $\alpha_2\beta\beta'\sigma$)	RNA-pol I、II、III 催化合成不同 RNA
酶的种类	只有一种	有多种
延长	合成新链沿 5′ → 3′ 前进	合成新链沿 5′ → 3′ 前进
参与延长的酶	RNA-pol 核心酶（σ 脱落）	RNA-pol I、II、III

	原核生物 RNA 转录	真核生物 RNA 转录
转录复合物	RNA-pol 核心酶 -DNA-DNA	与原核大致相似
终止	① 依赖 ρ 因子 ② 转录出的茎 - 环结构阻止转录 ③ A-U 配对弱 ④ DNA 双链结构的回归	① 依赖于终止序列，过修饰点后，内切将 hnRNA 切下 ② 切下 hnRNA 后马上加上 poly A 尾

 蛋白质在复制、转录中的作用

功能蛋白酶蛋白，复制转录不可缺。

表 16-11　蛋白质在复制、转录中的作用

	作用
复制	① 参与引发体的形成 ② 拓扑异构酶参与 DNA 松弛超螺旋 ③ DNA 解旋酶参与 DNA 解开双链 ④ SSB 结合在 DNA 上稳定单链 ⑤ 引物酶合成复制的 RNA 引物 ⑥ DNA pol Ⅲ 参与领头链 DNA 的聚合和后随链冈崎片段的生成 ⑦ DNA pol Ⅰ 参与复制的及时校读、引物切除和填补缺口 ⑧ DNA 连接酶参与 DNA 片段的连接 ⑨ 在真核生物复制中，端粒酶参与末端 DNA 的延长，以利于维持端粒末端的完整性
转录	① RNA 聚合酶参与转录的起始与延长 ② ρ 因子参与 RNA 合成与终止 ③ 某些蛋白质作为转录因子（TF）及激活因子、辅激活因子参与转录激活 ④ 某些蛋白因子如阻遏蛋白、分解代谢物基因激活蛋白（CAP）参与基因转录调控

四、真核生物 RNA 的加工和降解

mRNA 的帽子

mRNA 载有帽，帽子作用有四条。

表 16-12　mRNA 5′端帽子的功能

功能	说明
保护作用	保护 mRNA 免受体内核酸酶降解

续表

功能	说明
促进 mRNA 前体正确拼接	使 mRNA 前体进行适当的剪接，有助于其正确拼接
促进成熟 mRNA 转运出核	帽子结构对 mRNA 从细胞核到细胞质的转运十分重要
增强 mRNA 的可翻译性	帽子结构促进翻译的作用比 mRNA 的 3′ 端聚腺苷酸强很多

真核生物多聚 A（polyA）尾的功能

真核生物多聚 A，三条功能属于尾：

mRNA 入胞质，需要借助多聚 A，

翻译效率可提高，还能保护 mRNA。

表 16-13   真核生物多聚 A（polyA）尾的主要功能

Poly A 尾的主要功能	说明
mRNA 由细胞核进入细胞质所必需的形式	大大提高 mRNA 在细胞质中的稳定性
保护 mRNA	使 mRNA 免受 3′ 方向核酸外切酶的消化，提高 mRNA 的半衰期
增强 mRNA 的可翻译性	提高 mRNA 翻译效率

RNA 编辑

真核 RNA 编辑，调控表达有意义。

表 16-14   RNA 编辑机制及其意义

RNA 编辑	机制	意义
核苷酸替换	可能是由识别下游 RNA 靶序列的一种胞嘧啶脱氨酶介导的	调控基因在不同组织特异表达的方式
可译框的改变	主要是由于核苷酸的插入或删除导致可译框的改变	可形成新的可译框进而编码出不同的蛋白质
向导 RNA（gRNA）	一种在线粒体内转录的短 RNA	能进行 RNA 的编辑

注释：RNA 编辑不仅扩大了遗传信息，而且可能是生物适应中的一种保护措施，是基因表达的一种重要的调控和补救机制。

转录后加工

RNA 在转录后，多数需要再加工，经过剪切修饰等，才能具有其功能。

表 16-15 转录后加工

	原核生物 RNA 转录	真核生物 RNA 转录
mRNA 的加工	一般不需要加工	① 5′ 加帽，3′ 加尾（poly A 尾） ② G 的甲基化 ③ 剪除内含子、连接外显子
tRNA 的加工	① 剪切：5′ 前导序列及 3′ 拖尾序列 ② 添加修复：3′CCA 序列 ③ 某些碱基的化学修饰	① 剪切：5′ 前导序列及内含子 ② 添加修复：3′CCA 序列 ③ 某些碱基的化学修饰 甲基化：A → mA 脱氨反应：某些腺苷酸→ I（稀有碱基）
rRNA 的加工	30S rRNA → 16S、23S、5S rRNA 前体→ 16S、23S、5S rRNA	① 剪切：前体的自我剪接 ② 化学修饰：甲基化反应 ③ 5S rRNA 无需加工，可参与核糖体组成

 ## mRNA 在细胞内的降解

mRNA 寿命短，保持功能需降解。

表 16-16 mRNA 在细胞内的降解

降解途径	意义
依赖于脱腺苷酸化的 mRNA 降解	mRNA 的重要代谢途径
无义介导的 mRNA 降解	重要的真核细胞 mRNA 质量监控机制

第十七章　蛋白质的生物合成

一、蛋白质生物合成体系

✍ 各类 RNA 的作用

RNA 译蛋白质，mRNA 是模子，tRNA 作载体，rRNA 为产地。

表 17-1　RNA 的主要类别及其在蛋白质生物合成中的作用

RNA 种类	蛋白质生物合成中的作用	说明
mRNA	含有 DNA 传递的遗传信息，作为多肽链合成的直接模板	从起始密码开始按 5′→3′ 方向，每三个相邻的核苷酸为一个密码子，编码各种氨基酸
tRNA	起接合器的作用	① 3′ 端的 -CCA 氨基酸臂，结合特定的氨基酸；② 反密码环上特异的反密码子以碱基互补关系识别 mRNA 模板上的密码子
rRNA	① rRNA 与蛋白质组装成核蛋白体，作为蛋白质生物合成的场所 ② 每一条 mRNA 链可同时连接 5～6 个乃至 50～60 个核蛋白体形成 ③ 多核蛋白体进行蛋白质合成	① 小亚基：mRNA 结合位 ② 大亚基：tRNA 结合位（P 位、A 位和 E 位），还有转肽酶的活性

表 17-2　原核与真核生物的 3 种 RNA 的区别

RNA	原核生物	真核生物
mRNA	多顺反子 有 S-D 序列，rpS 辨认序列	单顺反子 5′ 端有帽子结构，3′ 端有 polyA 结构
rRNA	30S 小亚基、50S 大亚基 有 A、P、E 三个位点 5S、16S、23S 三种 rRNA	40S 小亚基、60S 大亚基 有 A、P 两个位点 5S、5.8S、18S、28S 四种 rRNA
tRNA	fMet-tRNA^{fMet} 为起始氨基酰 -tRNA	Met-tRNA^{Met} 为起始氨基酰 -tRNA

✍ mRNA 中遗传密码的特点

遗传密码五特性：方向性与连续性，简并性与通用性，另外还有摆动性。

表 17-3　遗传密码的特点

特点	说明
方向性	每个密码子的三个核苷酸必须从 5′→3′ 方向阅读，不能倒读
连续性	密码子的三联体不间断，需 3 个一组连续读下去
简并性	密码子共 64 个，除 3 个终止密码子外，其余 61 个密码子代表 20 种氨基酸。除 Trp、Met 各有 1 个密码子外，其他均有 2 个或多个密码子，三联体上一、二位碱基大多是相同的，只是第三位不同。遗传密码的简并性指密码上第 3 位碱基改变不影响氨基酸的翻译。起始密码子为 AUG（mRNA 5′ 第一个 AUG 为起始密码子，位于中间者为蛋氨酸的密码子）；终止密码子为 UAA、UAG、UGA；丝氨酸的密码子从病毒到人，均为 AGU
通用性	指从简单生物到人类都使用同一套密码子
摆动性	指密码子与反密码子配对时，出现的不遵从碱基配对原则的情况。密码子的第一位常出现稀有碱基次黄嘌呤

核蛋白体

核蛋白体两亚基，原核真核有差异。临床多种抗生素，专抑细菌核糖体。

表 17-4　原核生物与真核生物核蛋白体组成的比较

核蛋白体	沉降系数	亚基组成	tRNA 种类	蛋白质种类
原核生物核蛋白体	70S	50S 大亚基	23S、5S	34 种
		30S 小亚基	16S	21 种
真核生物核蛋白体	80S	60S 大亚基	5.8S、2.8S、5S	49 种
		40S 小亚基	18S	33 种

注释：小亚基有 mRNA 结合位，大亚基有三个 tRNA 结合位（P 位、A 位和 E 位），还有转肽酶的活性。

tRNA 上的重要位点

tRNA 四位点，帮助准确运氨酸。

表 17-5　tRNA 上的重要位点及其作用

tRNA 上的重要位点	作用
识别氨基酰 -tRNA 合成酶的位点	使 tRNA 接受正确的活化氨基酸
3′- 末端的氨基酸接受位点 CCA-OH	携带活化的氨基酸
核糖体识别位点	连接核糖体和多肽链
反密码子位点	以碱基互补原则识别 mRNA 模板上特定的密码子，使氨基酸按模板顺序排列成肽

参与蛋白质合成的物质

蛋白合成物质多，种类至少有八个。

表 17-6   参与蛋白质生物合成的物质及其作用

参与蛋白质合成的物质	作用
氨基酸	合成蛋白质的原料
mRNA	翻译的直接模板
tRNA	转运氨基酸的工具
核蛋白体	蛋白质合成的场所
ATP 和 GTP	能源物质，提供蛋白质合成时所需的能量
无机离子	Mg^{2+} 参与氨基酸的活化，K^+ 参与转肽反应
重要的酶类	
氨基酰 -tRNA 合成酶	催化氨基酸活化
转肽酶	催化核糖体 P 位上的肽酰基转移至 A 位氨基酰 -tRNA 的氨基上，使酰基与氨基结合成肽键
转位酶	催化核糖体向 mRNA 的 3'- 端移动一个密码子距离，使下一个密码子定位于 A 位
蛋白质因子	
起始因子	促进肽链合成的起始
延长因子	促进肽链合成的延长
释放因子	促进肽链合成的终止和新生肽链从 rRNA 上释放

表 17-7   原核生物肽链合成所需要的蛋白质因子

种类		生物学功能
起始因子	IF-1	占据 A 位，防止结合其他 tRNA
	IF-2	促进 fMet-RNA^{fMet} 与小亚基结合
	IF-3	促进大、小亚基分离，提高 P 位对结合 fMet-tRNA^{fMet} 的敏感性
延长因子	EF-Tu	促进氨基酰 -tRNA 进入 A 位，结合并分解 GTP
	EF-Ts	调节亚基
	EF-G	有转位酶活性，促进 mRNA- 肽酰 -tRNA 由 A 位移至 P 位，促进 tRNA 卸载与释放
释放因子	RF-1	特异识别 UAA、UAG，诱导转肽酶转变为酯酶
	RF-2	特异识别 UAA、UGA，诱导转肽酶转变为酯酶
	RF-3	可与核糖体其他部位结合，有 GTP 酶活性，能介导 RF-1 及 RF-2 与核糖体的相互作用

二、蛋白质合成过程

🖐 蛋白质合成起始过程

核糖体的两亚基，二者相互先分离，
mRNA 进小亚基，与 IF-2 结合起，
大小亚基再结合，蛋白合成即开启。

表 17-8　原核生物蛋白质合成的起始过程

起始过程	说明
核糖体大、小亚基分离	IF-3、IF-1 小亚基结合，促进大、小亚基分离，以准备 mRNA 和起始氨基酰 -tRNA 与小亚基结合
mRNA 在小亚基上定位结合	通过 RNA-RNA、RNA- 蛋白质相互作用，使 mRNA 的起始 AUG 在核糖体小亚基准确定位
fMet-tRNA^{fMet} 的结合	fMet-tRNA^{fMet} 与结合了 GTP 的 IF-2 一起，识别并结合于对应小亚基 P 位的 mRNA 序列上的起始密码子 AUG
核糖体大亚基结合	形成由完整核糖体、mRNA、fMet-tRNA^{fmet} 组成的翻译起始复合物

🖐 肽链延长——原核生物核糖体循环

肽链延长分三步：进位成肽与转位。

表 17-9　原核生物的核糖体循环过程

项目	进位	成肽	转位
概念	根据 mRNA 下一组遗传密码指导，使相应氨基酰 -tRNA 结合在 A 位，又称为注册	转肽酶催化的肽键形成过程	起始二肽酰 -tRNA-mRNA 相对位移进入 P 位，卸载的 tRNA 移入 E 位
需要的延长因子	EF-T		EF-G
是否耗能	GTP 水解		GTP 水解

🖐 原核生物肽链合成的终止过程

终止过程分三步，终止密码被辨认，新生肽链释放出，大小亚基被解聚。

表 17-10　原核生物肽链合成的终止过程

肽链合成的终止过程	说明
终止密码子的辨认	当翻译至 A 位出现 mRNA 的终止密码子时，任何氨基酰 -tRNA 不能与之识别，只有 RF-1 或 RF-2 能识别，并进入 A 位
新生肽链释出	RF-3 激活大亚基上的转肽酶，使之变构后表现酯酶的水解活性，将 P 位上的多肽从 tRNA 分离下来
大、小亚基解聚	在 RF 的作用下，GTP 供能促使 tRNA、mRNA 及 RF 均从核蛋白体脱落，在 IF 的作用下，大、小亚基解聚

原核生物蛋白质合成过程

（1）

耗能活化氨基酸，蛋白合成做准备；大小亚基组装后，肽链合成即起始；

进位成肽及转位，肽链不断被延伸；终止密码现身时，肽链合成即终止。

（2）

rRNA 两亚基，mRNA 合一起。根据密码运氨酸，tRNA 守其职。

核酸氨酸一带一，领队入场正好比。连成肽链功告成，各类核酸即分离。

表 17-11　原核生物蛋白质合成过程

原核生物蛋白质合成过程	说明
氨基酸的活化	游离的氨基酸在氨基酰 -tRNA 合成酶的催化下，消耗 2 个高能磷酸键，形成氨基酰 -tRNA
肽链合成的起始	由起始因子参与，mRNA 与 30S 小亚基、50S 大亚基及起始甲酰甲硫氨酰 -tRNA 形成 70S 起始复合物，需 GTP 水解供能
肽链的延长	① 进位：氨基酰 -tRNA 结合到核糖体的 A 位 ② 成肽：转肽酶催化 P 位的起始氨基酸或肽酰基形成肽键，tRNAi 或空载 tRNA 仍留在 P 位，再转至 E 位释出 ③ 转位：核糖体沿 mRNA 5′→3′方向移动一个密码子距离，A 位上的延长一个氨基酸单位的肽酰 -tRNA 转移到 P 位 全部过程需延长因子 EF-Tu、EF-Ts，能量由 GTP 提供
肽链合成终止	当核糖体移至终止密码子 UAA、UAG 或 UGA 时，终止因子 RF-1、RF-2 识别终止密码子，并使转肽酶活性转为水解作用，将 P 位肽酰 -tRNA 水解，释放肽链

真核与原核生物蛋白质合成的比较

两者相互作对比，既有相同又相异。

表 17-12　原核生物与真核生物肽链合成过程的比较

	原核生物肽链合成	真核生物肽链合成
mRNA	① 一条 mRNA 编码几种蛋白质（多顺反子） ② 转录后很少加工 ③ 转录、翻译和 mRNA 的降解可同时发生	① 一条 mRNA 编码一种蛋白质（单顺反子） ② 转录后进行首、尾修饰及剪接 ③ 在核内合成，加工后进入胞质，再作为模板指导翻译
核糖体	30S 小亚基 +50S 大亚基 ⟷ 70S 核糖体	40S 小亚基 +60S 大亚基 ⟷ 80S 核糖体

原核生物肽链合成	真核生物肽链合成
起始阶段 ① 起始氨基酰 -tRNA 为 fMet-tRNA^fMet	① 起始氨基酰 -tRNA 为 Met-tRNAi^Met
② 核糖体小亚基先与 mRNA 结合，再与 fMet-tRNA^fMet 结合	② 核糖体小亚基先与 Met-tRNAi^Met 结合，再与 mRNA 结合
③ mRNA 的 S-D 序列与 16S rRNA3′- 端的一段互补序列结合，有 3 种 IF 参与起始复合物的形成	③ mRNA 的帽子结构与帽子结合蛋白复合物结合，至少有 10 种 eIF 参与起始复合物的形成
延长阶段 延长因子为 EF-Tu、EF-Ts 和 EF-G	延长因子为 eEF-1α、eEF-1βγ 和 eEF-2
终止阶段 释放因子为 RF-1、RF-2 和 RF-3（有 3 种）	释放因子为 eRF（只有一种）
抑制剂 抗生素	白喉毒素、植物毒素等
相同点 ① 密码子相同 ② 组分相似：核蛋白体、tRNA、mRNA、20 种氨基酸、各种蛋白质因子 ③ 合成过程相似：起始、延长、终止 ④ 都存在多聚核糖体	

🦋 蛋白质合成正确性的保证

蛋白合成正确性，多项措施来保证。

表 17-13 蛋白质合成正确性的保证

蛋白质合成正确性的保证	说明
氨基酸与 tRNA 专一性结合	保证 tRNA 携带正确的氨基酸
携带氨基酸的 tRNA 对 mRNA 的正确识别	mRNA 上的密码子与 tRNA 上的反密码子相互识别，保证遗传信息准确地转译
起始因子的作用	起始因子保证只有起始氨基酰 -tRNA 能进入核糖体 P 位与起始密码子结合
延长因子的作用	延长因子高度专一，保证起始 tRNA 携带的 fMet 不进入肽链内部
核糖体三位点模型的 E 位与 A 位相互影响	可防止不正确的氨基酰 tRNA 进入 A 位，从而提高翻译的正确性
校正作用	氨基酰 -tRNA 合成酶和 tRNA 的校正作用、对占据核糖体 A 位的氨基酰 -tRNA 的校正、变异校对（基因内校正）与基因间校正等，多种校正作用可保证翻译的正确

🦋 遗传信息准确性的保证

遗传信息之传递：复制转录与翻译，信息传递很准确，多项措施来保证。

表 17-14　遗传信息在传递过程中保证准确性的机制

信息传递过程	保证准确性的机制
复制	① 以亲代 DNA 链为模板按碱基互补配对进行 ② DNA 聚合酶 Ⅱ 具有模板依赖性，能根据模板碱基选择相应碱基配对，万一发生差错，该酶还具有 $3' \to 5'$ 外切酶活性，切除错配碱基进行修复 ③ DNA 聚合酶 Ⅰ 有 $3' \to 5'$ 外切酶活性，能纠正错配碱基予以矫正 ④ 修复作用：经过细胞内各种修复机制，可使错配率降至 10^{-9} 以下 ⑤ 切除引物：由于刚开始聚合时较易发生错配，所以先合成一段 RNA 引物，然后将其切除，再由 DNA pol Ⅰ 将切除引物处补平 ⑥ 聚合时的方向：都是 $5' \to 3'$ 方向，一旦出现碱基错配，有利于 DNA pol Ⅰ 从 $3' \to 5'$ 方向进行切除并修复
转录	① RNA 聚合酶严格以 DNA 为模板进行转录 ② 有多种因子参与转录作用，以保证其准确性
翻译	① 在氨基酰 -tRNA 合成酶的特异性识别作用下，使氨基酸与 tRNA 进行特异性结合 ② 密码子与反密码子依靠互补配对进行特异性结合 ③ 核糖体的正确构象在保证翻译的准确性中也十分重要

表 17-15　复制、转录、翻译等的比较

	DNA 复制	RNA 转录	蛋白质合成	DNA 修复	逆转录
原料	4 种 dNTP	4 种 NTP	20 种氨基酸	dNTP	dNTP
模板	DNA	DNA	mRNA	DNA	RNA
引物	RNA	无	无	无	tRNA
场所	染色质	染色质	核蛋白体	胞核	胞核
能量	原料、ATP	原料	ATP、GTP	原料、ATP	原料
主要的酶及因子	拓扑异构酶、解旋酶、单链结合蛋白、引物酶、DNA 聚合酶 Ⅰ 和Ⅲ、连接酶	RNA 聚合酶、ρ 因子	氨基酰 -tRNA 合成酶、起始因子、延伸因子、转肽酶、终止因子	特异性核酸内切酶、DNA 聚合酶Ⅰ、连接酶	逆转录酶
链延伸方向	$5' \to 3'$	$5' \to 3'$	N 端→C 端	$5' \to 3'$	$5' \to 3'$
产物	DNA	RNA	蛋白质	DNA	
碱基配对方式	A-T、T-A、G-C、C-G，引物 A-U	A-U、T-A、G-C、C-G		同复制	A-T、U-A、G-C、C-G、T-A
特点	半保留、半不连续复制，DNA → DNA	不对称转录，DNA → RNA	核蛋白体循环，RNA →蛋白质		

	DNA 复制	RNA 转录	蛋白质合成	DNA 修复	逆转录
基本过程	解链、引发、延长、终止、末端复制	起始、延长、终止	活化、起始、延长、终止		
加工	一般无加工	剪接、修饰等	去除 N 端 Met 或 fMet、二硫键形成、水解修饰、侧链修饰、亚基聚合、辅基结合		

三、肽链生物合成后的加工和靶向输运

蛋白质合成后加工

蛋白合成后加工，加工方式有三种。

表 17-16　蛋白合成后的加工方式比较

加工方式	具体内容
肽链一级结构的修饰	① 多肽链 N 端的修饰：除去 N 端 fMet 或 Met，可进一步去除几个 N 端氨基酸 ② 多肽链的水解修饰：某些前体蛋白质可以经蛋白酶水解生成有活性的蛋白质，如切除信号肽、内含肽 ③ 个别氨基酸的共价修饰：磷酸化、羟基化、甲基化、乙酰化、羧基化、形成二硫键等
多肽链的折叠	① 蛋白质二硫键异构酶（PDI）或肽链脯氨酸异构酶（PPI）助折叠：PDI 可纠正错误形成的二硫键，PPI 可改变脯氨酸的构型 ② 分子伴侣助折叠：辅助新生肽链正确折叠与装配组装成为蛋白质。分子伴侣主要有热激蛋白（heat shpck proteins，HSP）和伴侣素（chaperonins）等
空间结构的修饰	① 亚基聚合：形成多亚基蛋白质的四级结构 ② 辅基连接：形成糖蛋白、脂蛋白、核蛋白和金属蛋白等结合蛋白质 ③ 疏水脂链的共价连接

促进蛋白质折叠功能的物质

分子伴侣异构酶，蛋白折叠有作为。

表 17-17　促进蛋白质折叠功能的物质及其作用

促进多肽链折叠的物质	作用机制或特点
分子伴侣	细胞中一类保守蛋白质，可识别肽链的非天然构象，提供适宜的微环境，促进各功能域和整体蛋白质的正确折叠
热激蛋白	包括 HSP70、HSP40 和 GrpE 三族，属于应激反应性蛋白质
伴侣素（伴侣蛋白）	大肠埃希菌中有 GroEL 和 GroES（真核中同源物为 HSP60 和 HSP10），能为非自发性折叠蛋白质提供折叠成天然空间构象的应激环境
蛋白二硫键异构酶	在内质网中进行，在较大区段肽链中催化错配二硫键断裂并形成正确二硫键连接
肽酰 - 脯氨酸顺反异构酶	在肽链合成需形成顺式构型时，可使多肽在各脯氨酸弯折处形成准确折叠

🖐 蛋白质一级结构的修饰

化学修饰或切除，肽链末端被修饰，修饰氨基酸残基，具体方法有多种。

蛋白亚基多肽链，水解加工可施行。

表 17-18　蛋白质一级结构的修饰

蛋白质一级结构修饰	说明
肽链末端修饰	
切除	如将多肽 N 末端的第一个甲酰甲硫氨酸或甲硫氨酸以及更多的 N 末端氨基酸残基切除，切除信号肽
化学修饰	C 末端的氨基酸残基有时会出现修饰现象
非末端的氨基酸残基的修饰	各种氨基酸残基可进行多种化学修饰，如甲基化、糖基化、羟基化、磷酸化、二硫键形成、亲脂性修饰等
水解加工	通过水解加工可生成具有生物活性的蛋白质或多肽，如多种蛋白酶原经裂解激活成蛋白酶、阿黑皮素原（POMC）可水解生成多种生物活性肽

🖐 氨基酸残基的修饰

氨酸残基可修饰，修饰方式有多种。

经过各种修饰后，增加蛋白质功能。

表 17-19　氨基酸残基的修饰

修饰形式	被修饰的氨基酸	功能	可逆性
磷酸化	Tyr,Thr,Ser,His	酶活性的调节	是
糖基化	Ser,Asn,Thr,Pro	改变蛋白质的理化性质，作为分子天线参与分子识别等	否

续表

修饰形式	被修饰的氨基酸	功能	可逆性
脂酰基化	N端氨基酸残基	膜蛋白锚定	否
异戊二烯化	Cys	膜蛋白锚定	否
羟基化	Pro,Lys,Phe	有助于胶原蛋白螺旋的稳定	否
泛酰化	Lys	细胞内蛋白质的定向水解	否
ADP-核糖体基化	Cys,Arg	调节G蛋白、eEF-2等的活性	不定
甲基化	Arg,His,Glu,Asp	调节基因表达等	是
酰胺化	C端氨基酸	保护小肽，防止羧肽酶对小肽的水解	非
乙酰化，甲酰化	N端氨基酸，Lys	保护小肽，防止氨肽酶对小肽的水解；调节基因表达	是（Lys）
γ-羧基化	Glu	螯合钙离子，激活凝血酶	否
碘基化	Tyr	甲状腺球蛋白转变成甲状腺素	否
焦谷氨酰化	Glu	保护小肽，防止氨肽酶对小肽的水解	否
硫酸化	Tyr	改变蛋白质的理化性质	否
GPI附着	C端氨基酸	膜蛋白锚定	否
腺苷酸化	Tyr	原核生物调节酶活性	是
小泛素相关	Lys	抵消泛酰化作用、蛋白质定位、调节基因表达等	是

蛋白细胞亚组分分选信号（信号肽）

蛋白细胞亚组分，分选信号有特征。

表17-20　蛋白细胞亚组分分选信号

蛋白种类	信号序列	结构特点
分泌蛋白和质膜蛋白	信号肽	15～30个氨基酸，位于N末端，中间为疏水性氨基酸
核蛋白	核定位信号	4～8个氨基酸，位于内部，含Pro、Lys和Arg，典型序列为K-K/R-X-K/R
内质网蛋白	内质网滞留信号	C端的Lys-Asp-Glu-Leu (KDEL)
核基因组编码的线粒体蛋白	线粒体导肽	20～35个氨基酸，位于N末端
溶酶体蛋白	溶酶体靶向信号	甘露糖-6-磷酸

靶向蛋白的运输过程

信号序列信号肽，要与肽链相结合。信号肽链到靶器，先与受体相识别。

一起进入靶器内，然后释出下次用。

表 17-21　三种靶向蛋白的运输过程

步骤	进入内质网（ER）的过程	进入线粒体的过程	进入细胞核的过程
一	胞质核糖体上合成 N 端信号肽等氨基酸	新生蛋白结合 HSP70 或线粒体输入刺激因子（MSF）转运到线粒体	蛋白结合输入因子 αβ 后导向核膜的核孔
二	信号识别颗料（SRP）结合信号肽	信号序列识别受体	GTP 水解供能，使蛋白质进入核内
三	大亚基锚定 ER 膜，使信号肽插入 ER 膜	转运、穿过线粒体的跨内外膜蛋白通道	转位中，输入因子 αβ 解离，胞核蛋白定位细胞核中
四	信号肽启动肽链转位，肽链进入 ER 腔	切除信号序列，折叠成功能构象	
五	HSP70 消耗 ATP，使多肽进入 ER 并折叠成功能构象		

四、蛋白质生物合成的干扰与抑制

抗生素的作用机制

常用多种抗生素，能抑蛋白质合成。

表 17-22　抑制蛋白质生物合成的抗生素作用环节

作用环节	作用	举例
影响翻译起始	① 引起 mRNA 在核糖体上错位，阻碍翻译起始复合物的形成	伊短菌素、螺旋霉素
	② 影响 tRNA 的就位和 IF-3 的功能	伊短菌素
影响翻译延长 　干扰进位	① 结合于 30S 亚基 A 位，抑制氨基酰 -tRNA 的进位	四环素、土霉素
	② 降低 EF-Tu 的 GTP 酶活性，抑制 EF-Tu 与氨基酰 -tRNA 结合	粉霉素
	③ 阻止 EF-Tu 从核糖体释出	黄霉素
引起读码错误	① 结合于 30S 亚基解码部位附近区域，严重影响翻译准确性	巴龙霉素、链霉素
	② 与 16S rRNA 和 rpS12 结合，干扰 30S 亚基的解码部位，引起读码错误	潮霉素 B、新霉素

续表

作用环节	作用	举例
影响翻译延长		
影响肽键形成	① 其结构与某种氨基酰 -tRNA 相似，进入核糖体 A 位后易脱落，中断肽链合成	嘌呤霉素
	② 影响核糖体 50S 亚基的功能，抑制肽键的形成	氯霉素、林可霉素、红霉素等
影响转位	① 抑制 EF-G 的酶活性，阻止核糖体循环的转位过程	夫西地酸等
	② 结合于核糖体 30S 亚基，阻碍小亚基变构，抑制 EF-G 催化的转位反应	大观霉素

干扰蛋白质合成的生物活性物质

多种生物活性物，干扰蛋白质合成。

表 17-23　干扰蛋白质合成的生物活性物质

按作用的生物或环节分类	干扰蛋白质合成的物质
作用的对象	
原核生物	抗生素
真核生物	毒素，如细菌毒素（如白喉毒素作用于 eFT-2，使之失活）、植物毒素（如蓖麻蛋白能与真核生物核糖体大亚基结合，间接抑制 eEF-2）
作用的环节	
复制过程	多数抗肿瘤药物
转录过程	人工合成酶抗肿瘤和病毒
翻译过程	多数抗生素
其他阻断剂	干扰素（抗病毒）

第十八章　基因表达调控

一、基因表达调控概述

基因表达调控的特点

基因表达转与译，调控转录最为重。原核真核有差异，表达产物蛋白质。
具有时空特异性，表达方式有多种。诱导阻遏互协调，调控复杂多层次。

表 18-1　基因表达调控的基本特点

特点	说明
具有时空特异性	① 时间特异性是指基因表达按一定时间顺序发生 ② 空间特异性是指多细胞生物个体在特定生长发育阶段，同一基因在不同组织器官表达不同
表达方式多样	有基本表达、诱导和阻遏表达以及协调调节（见表 18-2）
受顺式作用元件和反式作用因子共同调节	① 顺式作用元件与被调控的编码序列位于同一 DNA 链上 ② 反式作用因子远离被调控的编码序列
呈现多层次和复杂性	在 RNA 转录合成和蛋白质翻译各个阶段都有控制其表达的机制

基因表达的方式

表达方式分两类：管家基因属基本。诱导表达与阻遏，协调调节第三名。

表 18-2　基因表达的方式

基因表达的方式	说明
基本表达 （组成性基因表达）	指在个体发育的任一阶段都能在大多数细胞中持续进行的基因表达，其基因表达产物通常是生命过程所必需的或不可少的，且较少受环境因素的影响，基本表达基因通常称为管家基因
诱导和阻遏表达 　诱导表达	指在特定环境因素刺激下，基因被激活，从而使基因的表达产物增加，这类基因称为可诱导基因
阻遏表达	指在特定环境因素刺激下，基因被抑制，从而使基因的表达产物减少，这类基因称为可阻遏基因
协调调节	在一定机制控制下，功能上相关的一组基因，无论其为何种表达方式，均需协调一致，共同表达

管家基因的特点

管家基因有特点，时间空间特异性。自身变化比较小，环境因素影响小。
可调节性比较小，少数因素可有效。

表 18-3 管家基因的特点

特点	说明
时间特异性	管家基因在生命全过程，即各个发育阶段持续表达
空间特异性	管家基因在几乎所有细胞中均能表达
自身变化	管家基因持续表达，变化较小
环境因素影响	管家基因较少受环境因素的影响
调节	只受启动序列（或启动子）与 RNA 聚合酶相互作用的影响或调节

正调控与负调控的比较

基因表达可调控，可分正负两类型。

表 18-4 正调控与负调控的比较

	正调控	负调控
目的	主要用于调节利用最佳碳源、氮源的酶，电子供体和电子受体等	主要用于调节合成可以从环境中获取的物质
调控蛋白	激活蛋白	阻遏蛋白
效应物	诱导物——与激活蛋白结合，激活激活蛋白	辅阻遏物——与阻遏蛋白结合，激活阻遏蛋白 诱导物——与阻遏蛋白结合，导致阻遏蛋白失活
相关的 DNA 序列	特定的激活蛋白结合位点，有时也被称为操纵基因	操纵基因
实例	① 大肠埃希菌的降解物激活蛋白与 cAMP 结合后被激活，然后与一系列和碳源利用有关酶基因上游的特定序列结合，刺激这些基因的表达，从而使细胞在有葡萄糖时利用其他碳源 ② 根癌农杆菌的激活蛋白 virG 在受伤植物释放一些特定物质以后因磷酸化激活，随后激活参与感染植物有关的基因表达	① 色氨酸操纵子的阻遏蛋白与 Trp 结合以后被激活，阻断编码色氨酸合成有关酶的基因表达 ② 在没有乳糖的条件下，乳糖操纵子的阻遏蛋白阻断与利用乳糖有关酶的基因表达。如果有乳糖，乳糖与阻遏蛋白结合，使其失活，解除对利用乳糖酶有关基因表达的抑制

转录因子的种类

转录因子之种类，原核有三真有二。

表 18-5 转录调节蛋白（或转录因子）的种类及作用

种类	作用
原核生物	
特异因子	决定 RNA 聚合酶对一个或一套启动序列的特异性识别和结合能力
阻遏蛋白	识别、结合特异 DNA 序列——操纵序列，抑制基因转录（介导负性调节）
激活蛋白	可结合启动序列邻近的 DNA 序列，提高 RNA 聚合酶与启动序列的结合能力，增强 RNA 聚合酶转录活性
真核生物	
反式作用因子	多为 DNA 结合蛋白。某一基因的编码产物，与其他基因的调节序列结合，调节其他基因的表达活性
顺式作用元件	某一基因产物特异识别、结合自身基因的调节序列，调节自身基因的表达

转录激活调节的基本要素

转录激活四要素：特异 DNA 序列，调节蛋白有数种，核酸蛋白互作用，四是 RNA 聚合酶，酶的活性可调控。

表 18-6 转录激活调节的基本要素

调节要素	原核生物	真核生物
特异 DNA 序列	操纵子	顺式作用元件（启动子、增强子、沉默子）
调节蛋白	① 特异因子：决定 RNA 聚合酶的识别特异性 ② 阻遏蛋白：介导负性调控 ③ 激活蛋白：增强 RNA 聚合酶的转录活性	① 反式作用因子：与特异顺式作用元件识别结合，反式激活另一基因的转录 ② 顺式作用元件：特异识别结合自身基因的调节序列，调节自身基因的开启或关闭
DNA-蛋白质、蛋白质-蛋白质相互作用	原核、真核存在调节蛋白的二聚化或多聚化，真核生物还常见蛋白质-蛋白质相互作用后间接结合 DNA，调节转录	
RNA 聚合酶	① 原核启动序列或真核启动子核苷酸序列会影响与 RNA 聚合酶的亲和力，影响转录起始的频率 ② 调节蛋白影响 RNA 聚合酶活性，使基础转录频率发生改变，出现表达水平变化	

基因表达调控的意义

基因表达之调控，生物学上意义重。维持生长与发育，适应环境求生存。

表 18-7　基因表达调控的意义

意义	说明
适应环境，维持生长和增殖	例如，原核细胞必须适应环境中能源物质种类需求、代谢需求及环境生存危险等
维持个体发育与分化	例如，真核生物必须满足机体多器官、多组织系统分泌发育以及组织器官系统之间的平衡、协调发展等的需求

二、原核基因表达调控

操纵子——原核生物基因转录调控的基本单位

操纵子有四成分：调节基因能编码，启动序列能识别，结构基因带信息。
操纵基因或序列，阻遏蛋白结合点。

表 18-8　操纵子结构及功能

操纵子的结构组成	作用
调节基因（阻遏基因）	编码阻遏因子或调节蛋白
启动序列（启动子）	RNA 聚合酶的识别结合位点
操纵序列（操纵基因）	阻遏蛋白的结合位点
结构基因	携带有编码氨基酸的信息

乳糖操纵子——典型的诱导型调控

调控区域四成分，结构基因有三种。
分别编码三种酶，乳糖利用能调控。

表 18-9　乳糖操纵子的结构及功能

乳糖操纵子的结构组成	功能
调控区	
阻遏基因 I	表达产生阻遏物
启动序列 P	结合 RNA 聚合酶的 DNA 序列
操纵序列 O	可结合阻遏物，是 RNA 聚合酶能否通过的开关
CAP 结合位点	在启动序列 P 上游，与分解（代谢）物基因激活蛋白 CAP 结合

续表

乳糖操纵子的结构组成	功能
结构基因	
lacZ	编码 β- 半乳糖苷酶
lacY	编码通透酶
lacA	编码乙酰基转移酶

阻遏蛋白和 CAP 对乳糖操纵子的调控

阻遏蛋白 CAP，调控乳糖操纵子，减少能耗和浪费，糖的利用能增值。

表 18-10　阻遏蛋白和 CAP 对乳糖操纵子的调控机制

	诱导剂			
	有葡萄糖、有乳酸	有葡萄糖、无乳酸	无葡萄糖、无乳酸	无葡萄糖、有乳酸
阻遏蛋白负性调节（封闭操纵序列）	无作用	有作用（封闭转录）	有作用（封闭转录）	无作用
cAMP-CAP 正性调节	无（由于有葡萄糖时，cAMP↓，阻碍 cAMP 与 CAP 结合）	不能发挥作用	无意义	有（去阻遏）
乳糖操纵子结构基因转录活性	抑制	抑制	抑制	活性增强
结构基因表达	无（关闭或表达极低）	无（关闭）	无（关闭）	有（打开）
意义	利用葡萄糖是最节能的，所以细菌优先利用葡萄糖供能	减少营养物质和能量的浪费	减少营养物质和能量的浪费	利用乳酸分解产物

色氨酸操纵子——通过转录衰减阻遏基因表达

色氨酸的操纵子，调控色氨酸合成，属于阻遏操纵子，精细调节少耗能。

表 18-11　色氨酸操纵子的结构、特点及调控模式

项目	说明
结构	大肠埃希菌的色氨酸合成过程需要 5 种酶，编码这 5 种酶的结构基因（trpA、B、C、D、E）在色氨酸操纵子中紧密连锁在一起，5′ 端是调控结构，包括启动子、操纵子、前导序列、衰减子
特点	①阻遏物基因 trpR 和 5 个结构基因不紧密连锁；②操纵基因在启动子区域内；③启动子、操纵基因不直接和结构基因毗邻，而和前导序列直接相连；④有衰减子结构

续表

项目	说明
调控模式	①低浓度色氨酸存在时，色氨酸操纵子开放，色氨酸生物合成途径被激活。因为色氨酸操纵子中编码阻遏物 Co 的基因 trpR 距 trp 结构基因簇较远，其编码的阻遏蛋白以游离形式存在时不能结合到操纵序列上；②在有高浓度色氨酸（辅阻遏物）存在时，形成阻遏物 - 色氨酸复合物并紧密结合于 trp 操纵序列，使 RNA 聚合酶不能和启动子结合而阻止转录

📖 原核基因转录调控特点

原核基因之转录，调控特点应记熟。识别需要 σ 因子，操纵模型常常有。

阻遏蛋白负调控，其他特点也还有。

表 18-12　原核基因转录调节特点

原核基因转录调节特点	说明
σ 因子决定 RNA 聚合酶识别特异性	σ 因子能识别特异启动序列，不同的 σ 因子决定特异基因的转录激活，从而决定 mRNA、rRNA 和 tRNA 基因的转录
操纵子模型的普遍性	操纵子模型在原核基因表达调控中具有普遍性，原核基因的协调表达是通过调控单个启动基因的活性完成的
原核操纵子受到阻遏蛋白的负性调节	特异的阻遏蛋白是调控原核启动序列活性的重要因素，原核基因调控普遍涉及特异性阻遏蛋白参与的开、关调节机制
其他特点	①转录和翻译均在细胞质中进行 ②mRNA 不需加工可直接作为模板用于翻译 ③转录产物一般是多顺反子 ④在转录终止阶段有不同的调控机制 ⑤在翻译水平的多个环节受到精细调节

📖 原核基因表达在翻译水平的调控特点

翻译水平可调控，调控特点有五种。

表 18-13　原核基因表达在翻译水平的调控特点

特点	说明
转录与翻译的偶联调节	提高了基因表达调控的有效性
蛋白质分子结合于启动子或启动子周围	可进行自我调节
翻译阻遏	利用蛋白质与自身 mRNA 的结合实现对翻译起始的调节
反义 RNA 结合 mRNA 翻译起始部位互补序列	可以调节和抑制翻译起始
mRNA 密码子的编码频率影响翻译速度	使用常用密码子时，mRNA 的翻译速度快；使用稀有密码子时，则 mRNA 的翻译速度慢

三、真核基因表达调控

🖎 真核细胞基因组的特点

真核细胞基因组，结构庞大不连续，重复序列比较多，信使核酸单顺子，
蛋白质与DNA，结合生成染色质，线粒体有DNA，不光存在染色质。

表 18-14　真核细胞基因组特点及在基因表达调控中的意义

特点	说明
基因组结构庞大	真核基因组比原核基因组大得多
含有大量重复序列	可能参与调控
编码蛋白质的基因不连续	转录后需要剪接除去内含子，增加了基因调节层次
mRNA 是单顺反子	蛋白质不同亚基将涉及多个基因的协调表达
DNA 在核内与蛋白质结合成染色质	结构复杂并直接影响基因表达
线粒体也有 DNA	与核内 DNA 相互独立而又需要协调

🖎 真核基因表达调控的特点

核糖核酸有三类，均有相应聚合酶，活性染色质结构，适当变化利转录，
正性调节占主导，机制精确又经济，转录翻译区分开，录后修饰并加工。

表 18-15　真核基因表达调控的特点

特点	说明
RNA 聚合酶有三种	即 RNA Pol Ⅰ、Ⅱ及Ⅲ，分别负责三种 RNA 的转录
活性染色质结构变化	① 解链后，DNA 分子对核酸酶敏感 ② DNA 拓扑结构变化，闭合双链转为开链形式，以利转录的进行 ③ DNA 碱基修饰变化，其中的胞嘧啶可发生甲基化 ④ 组蛋白变化，易使核小体结构松弛
正调节占主导	正调节机制精确、经济
转录与翻译分隔进行	转录在细胞核内进行，翻译在细胞质内进行
转录后有修饰加工	转录后剪接及修饰等过程比原核复杂

🖎 真核基因表达调控位点

真核基因之表达，调控位点多处有：
基因转录前中后，翻译过程翻译后。

表 18-16　真核基因表达中的可调控点

调控点	说明
染色质激活	① 转录活化的染色质对核酸酶极其敏感 ② 转录活化染色质的组蛋白发生改变 ③ CpG 岛甲基化水平降低
转录	基因表达调控的关键环节
顺式作用元件	转录起始的关键调节部位：启动子结构和调节很复杂，增强子能提高转录效率，沉默子能抑制基因转录
转录因子	转录调控的关键分子，分为通用转录因子和特异转录因子。转录因子是 DNA 结合蛋白，二聚化是常见的蛋白质 - 蛋白质相互作用方式
转录起始复合物	其动态构成是转录调控的主要方式
转录后调控	主要影响真核 mRNA 的结构与功能：mRNA 的稳定性影响真核生物基因表达，一些非编码小分子 RNA 可引起转录后基因沉默，mRNA 前体的选择性剪接可调节真核生物基因表达
翻译及翻译后调控	对翻译起始因子活性的调节主要通过磷酸化修饰进行，RNA 结合蛋白参与了对翻译起始的调节，对翻译产物水平及活性的调节可以快速调节基因表达，小分子 RNA 对基因表达的调节十分复杂，长链非编码 RNA 在基因表达调控中的作用不容忽视

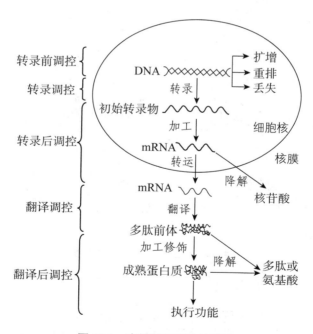

图 18-1　真核基因表达的调控

真核细胞基因表达调控可以在转录水平、RNA 加工水平、RNA 转运水平、mRNA 降解水平、翻译水平和蛋白质活性水平上进行

顺式作用元件的种类

顺式作用元件四：启动子与增强子，沉默子能抑转录，阻遏则需绝缘子。

表 18-17   顺式作用元件的种类

种类	结构及功能
启动子	在转录起始部位，DNA 模板上被 RNA 聚合酶识别并结合形成转录起始复合物的区段。位于结构基因 5′端上游，-25bp 处有 TATA 盒（Hogness 盒），-10bp 处有 CAAT 盒，-11bp 处有 GC 盒
增强子	真核细胞中能增强启动子活性的核苷酸序列，也称为强化子。增强子序列可以位于远离启动子数千 bp 处，或位于基因的上游或下游，或位于模板链或编码链上，均能发挥效应，与方向性无关，但有组织特异性。增强子是能提高转录效率的顺式调控元件
沉默子	参与基因表达负调控的一种元件，其结合特异蛋白质因子时，对基因转录起阻遏作用——抑制基因的转录
绝缘子	能阻止激活或阻遏作用在染色质上的传递，使染色质的活性限于结构域之内的一类特殊顺式作用元件

注释：基因组中的顺式作用元件是转录起始的关键调节部位。

转录因子

通用因子与特异，转录因子分两类，转录因子作用大，转录调控是关键。

表 18-18   转录因子的分类及作用

转录因子类型	作用机制	作用
通用转录因子（基本转录因子）	RNA 聚合酶结合启动子所必需的一类蛋白因子	决定转录的类别
特异转录因子	通过直接或间接作用，活化或阻遏个别基因转录的蛋白因子	决定该基因表达的时间和空间特异性

转录因子作用的结构特点

转录因子结构域，结合激活两区域。

表 18-19   转录因子作用的结构特点

结构域	组成	作用
DNA 结合结构域	①锌指模体结构；②碱性螺旋 - 环 - 螺旋模体结构；③碱性亮氨酸拉链模体结构	与 DNA 相结合

续表

结构域	组成	作用
转录激活结构域	①酸性激活结构域；②谷氨酰胺富含结构域；③脯氨酸富含结构域	促进转录激活

真核生物转录的起始

转录因子有多种，按照次序互作用，形成起始复合物，转录过程受调控。

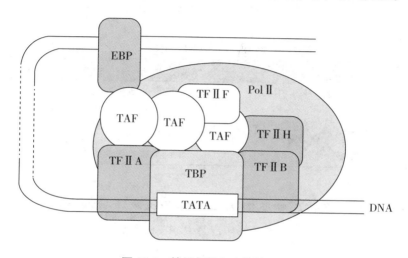

图 18-2 转录起始复合物的形成

首先 TF Ⅱ D 的组成成分 TBP 识别 TATA 盒，并有 TAF 参与形成 TF Ⅱ D-启动子复合物；继而在 TF Ⅱ A ~ F 等基本转录因子的参与下，RNA 聚合酶Ⅱ与 TF Ⅱ D、TF Ⅱ B 聚合，形成一个功能性的前起始复合物

表 18-20 真核生物转录起始所需因子及其功能

转录因子		功能
RNA 聚合酶Ⅰ	上游结合因子 1（UBF1）	与核心元件及上游控制元件特异结合
	选择性因子 1（SL1）	在 UBF1 后与两个元件无序列特异结合
RNA 聚合酶Ⅱ	TBP（TATA 结合蛋白）	结合 TATA 盒
	TAF（TBP 辅助因子）	辅助 TBP-DNA 结合
	TF Ⅱ A	稳定 TF Ⅱ D-DNA 复合物
	TF Ⅱ B	促进 RNA 聚合酶Ⅱ结合及作为其他因子结合的桥梁
	TF Ⅱ F	防止聚合酶与非特异性 DNA 序列结合
	TF Ⅱ E	ATPase 活性
	TF Ⅱ H	解旋酶活性、蛋白激酶活性

续表

	转录因子	功能
RNA 聚合酶Ⅲ	TFⅢA	在 5S rRNA 起始时需要，与内部控制区结合
	TFⅢB	与 TFⅢC 相互作用，结合到 A 盒的上游
	TFⅢC	与 A 盒、B 盒结合

真核基因表达转录后调控

真核基因转录后，转录调控亦接受。

表 18-21　转录后调控

调节环节	说明
mRNA 的稳定性影响真核生物基因表达	① 5′- 端的帽子结构可以增加 mRNA 的稳定性 ② 3′- 端的 polyA 尾结构防止 mRNA 降解
一些非编码小分子 RNA	可引起转录后基因沉默
mRNA 前体选择性剪接	可调节真核生物基因表达

真核生物基因表达在翻译及翻译后的调控

翻译水平翻译后，表达调节也常有。

表 18-22　真核生物基因表达在翻译及翻译后的调控

调控水平或调控物	说明
对翻译起始因子活性的调节	主要通过磷酸化修饰进行 ① 翻译起始因子 eIF-2α 的磷酸化抑制翻译起始 ② eIF-4E 及 eIF-4E 结合蛋白的磷酸化激活翻译起始
RNA 结合蛋白	参与对翻译起始的调节
对翻译产物水平及活性的调节	可以快速调控基因表达
小分子 RNA 对基因表达的调节	十分复杂，见表 18-23
长链非编码 RNA	在基因表达调控中的作用不容忽视

表 18-23　siRNA 和 miRNA 的差异比较

比较项目	siRNA	miRNA
前体	内源或外源长双链 RNA 诱导产生	内源发夹环结构的转录产物
结构	双链分子	单链分子

续表

比较项目	siRNA	miRNA
功能	降解 mRNA	阻遏其翻译
靶 mRNA 结合	需完全互补	不需完全互补
生物学效应	抑制转座子活性和病毒感染	发育过程的调节
共同点	① 均由 Dicer 酶切割产生 ② 长度都在 22 个碱基左右 ③ 都参与沉默复合物形成 ④ 与 mRNA 作用而引起基因沉默	

 真核与原核基因表达特点的比较

基因表达之特点，真核原核有差别。

表 18-24 真核与原核基因表达特点的比较

基因表达层次	真核基因	原核基因
DNA 水平	染色体变化较大，如出现 DNase 超敏位点核小体结构变化，DNA 及组蛋白修饰	变化较小
转录水平	① RNA 聚合酶有 3 种 ② 转录产物为单顺反子 mRNA ③ 正性调节占主导	① RNA 聚合酶只有 1 种 ② 产物为多顺反子 mRNA ③ 负性调节占主导 ④ 操纵子模式的普遍性
转录后水平	转录后加工复杂，成熟的 mRNA 从细胞核运输到细胞质后才进行翻译	转录与翻译在同一空间进行，往往是转录尚未完成翻译已经开始

第十九章　细胞信号转导的分子机制

一、概述

细胞之间信息传递的方式

细胞之间传信息，联系方式有三种：细胞之间有间隙，化学信使来联系；
细胞之间有通道，可以直接电耦联；胞膜表面大分子，直接接触传信息。

表 19-1　细胞之间相互联系和信息传递方式及特点

信息传递方式	常见部位	特点
化学信号联系	激素分子与靶细胞之间：突触、神经-效应器（如神经-肌肉接头处）之间	细胞间相隔一定距离，以化学物质（信息分子）为介质，以旁分泌、内分泌、自分泌及神经分泌等方式调控靶细胞的功能
相邻细胞间的直接电耦联（缝隙连接或电突触）	心肌细胞之间、内脏平滑肌细胞之间、神经组织中	① 细胞间电信号传递和细胞质之间的物质交换直接通过细胞间缝隙连接处的"连接膜通道"来完成 ② 双向传递 ③ 快速、无延搁，能使一群功能相似的细胞同步活动 ④ 对代谢障碍耐受性大，如酸中毒易抑制化学性传递而不易抑制电突触传递
膜表面分子直接接触	T 淋巴细胞与抗原提呈细胞之间	每个细胞表面都存在着许多种蛋白质或糖脂作为细胞的表面信息分子，与其他细胞膜表面的相应受体识别和相互作用，传递调控信息

表 19-2　细胞外化学信号的形式

	可溶型化学信号	膜结合型化学信号
信号物质	可溶性化学物质	细胞间孔道或细胞表面分子
信号传递方式	体液→受体	细胞间接触→受体

信息物质的种类

神经递质和激素，局部介质及气体，
信息物质很重要，胞外胞内传信息。

表 19-3　可溶性信息物质的分类

种类	别称	受体部位	特点	举例
神经递质	突触分泌信号（synaptic signal）	质膜受体	由神经元细胞分泌，通过突触间隙到达下一个神经细胞；作用时间较短	乙酰胆碱、去甲肾上腺素
内分泌激素	内分泌信号（endocrine signal）	质膜受体胞内受体	由特殊分化的内分泌细胞分泌，通过血液循环到达靶细胞；大多数作用时间较长	胰岛素、甲状腺激素、肾上腺素
局部化学介质	旁分泌信号（paracrine signal）	质膜受体	由体内某些普通细胞分泌，不进入血液循环，通过扩散作用到达附近的靶细胞；一般作用时间较短	生长因子、前列腺激素
气体信号			为结构简单、半衰期短、化学性质活泼的气体分子	NO 合酶（NOS）通过氧化 L- 精氨酸的胍基而产生 NO；血红素单加氧酶氧化血红素产生的 CO

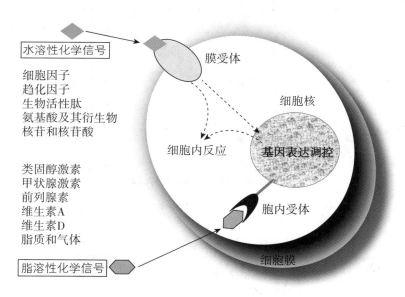

图 19-1　水溶性和脂溶性化学信号的转导

受体与配体结合的特点

受体配体相结合，高度特异亲和力，作用模式有特异，既可饱和又可逆。

表 19-4 受体与配体结合的特点

受体与配体结合的特点	说明
高度专一（特异）性	受体能选择性与特定的配体结合
高度亲和力	受体与配体间的亲和力极强
可饱和性	增加配体浓度，可使受体饱和
可逆性	受体与配体以非共价键结合，当发挥生物学效应后配体即与受体解离
有特定的作用模式	受体在细胞内的分布，从数量到种类均有组织特异性，并出现特定的作用模式

二、细胞内信号转导分子

细胞内第二信使的特点

浓度分布变化快，类似物质可模拟，胞内特定靶分子，阻断剂可取消之。

表 19-5 细胞内第二信使的特点

特点	说明
分子的浓度或分布迅速变化	在完整细胞中，第二信使分子的浓度或分布，在细胞外信号作用下迅速改变
类似物的作用	第二信使类似物可模拟细胞外信号的作用
阻断剂的作用	阻断该分子的变化可抑制细胞对外源信号的反应
有特定的靶分子	作为别构效应剂在细胞内有特定的靶蛋白分子

细胞内的第二信使物质

胞内第二信使多，cAMP 与 cGMP，气体分子钙离子，IP_3 与 DAG。

表 19-6 细胞内第二信使物质

第二信使化学本质	第二信使名称	引起细胞内的变化
核苷酸	cAMP、cGMP	蛋白激酶激活
脂质衍生物	二脂酰甘油（DAG） 三磷酸肌醇（IP_3）	PKC 激活 胞内 Ca^{2+} 浓度升高
无机离子	Ca^{2+}	PKC 激活、钙调蛋白（CaM）激活
气体分子	NO、CO、H_2S	

表 19-7　第二信使或传递途径

第二信使或传递途径	信息物质
第二信使为 cAMP	α_2 肾上腺素能物质、β 肾上腺素能物质、促肾上腺皮质激素（ACTH）、血管紧张素 II、抗利尿激素（ADH）、降钙素、人绒毛膜促性腺激素、促肾上腺皮质激素释放激素、促卵泡激素（FSH）、促脂解素（LPH）、胰高血糖素、促黑素（MSH）、甲状旁腺素（PTH）、生长抑素、促甲状腺激素（TSH）
第二信使为 cGMP	心房钠尿肽、NO
第二信使为 Ca^{2+} 及磷脂酰肌醇	乙酰胆碱、α_1 肾上腺素、血管紧张素 II、抗利尿激素（血管升压素）、缩胆囊素、促胃液素（胃泌素）、促甲状腺激素释放激素（TRH）、促性腺激素释放激素（GnRH）、催产素、P 物质
受体酪氨酸蛋白激酶传递途径	促红细胞生成素（EPO）、表皮生长因子（EGF）、成纤维细胞生长因子（FGF）、生长激素（GH）、胰岛素、胰岛素样生长因子（IGF- I）、IGF- II、神经生长因子（NGF）、血小板源性生长因子（PDGF）、催乳素（PRL）
细胞内受体传递途径	雄激素、1,25-（OH）$_2$D$_3$、雌激素、糖皮质激素、视黄酸、盐皮质激素、甲状腺激素

注释：信息传递物质主要分为三大类，即激素、神经递质和细胞因子。在细胞因子中有生长因子、NO 及前列腺素等。

🌿 参与信号转导的酶类

蛋白激酶有多种，促使蛋白磷酸化，催化反应传信息，生物效应能放大。

🌿 蛋白激酶

蛋白激酶有五种，结构功能不相同，功能蛋白磷酸化，生理活性受调控。

表 19-8　蛋白激酶的分类

蛋白激酶	磷酸基团的要求
蛋白丝氨酸 / 苏氨酸激酶 *	丝氨酸 / 苏氨酸羟基
蛋白酪氨酸激酶 *	酪氨酸的酚羟基
蛋白组 / 赖 / 精氨酸激酶	咪唑环、胍基、ε- 氨基
蛋白半胱氨酸激酶	巯基
蛋白天冬氨酸 / 谷氨酸激酶	酰基

注释：* 指主要的蛋白激酶。

表 19-9　体内蛋白激酶的结构与功能

蛋白激酶	结构特点	功能
蛋白激酶 A (PKA)	异源四聚体，含有两个催化亚基和两个调节亚基	当 cAMP 与调节亚基结合时，催化亚基与调节亚基分离，催化亚基可与磷酸化酶和转录因子的丝/苏氨酸残基结合，改变其活性
蛋白激酶 C (PKC)	由一条多肽链构成，含催化结构域和调节结构域各一个	当 PKC 的调节结构域与二酰甘油、磷脂酰丝氨酸和 Ca^{2+} 结合而激活，可以使膜受体、膜蛋白、多种酶和立早基因的转录因子等磷酸化
蛋白激酶 G (PKG)	单体酶，分子中有一个 cGMP 结合位点	PKG 与 cGMP 结合而被激活，磷酸化有关酶和蛋白质的丝/苏氨酸残基，产生松弛血管平滑肌和增加尿中钠的作用
酪氨酸蛋白激酶 (PTK)	分为受体型 PTK 和非受体型 PTK 两类	受体型 PTK 是胰岛素受体、某些原癌基因编码的受体，受体本身具有潜在的酪氨酸蛋白激酶活性；非受体型 PTK 包括底物酶 JAK 和某些原癌基因编码的 PTK
丝裂原激活的蛋白激酶 (MAPK)	有双重催化活性的蛋白激酶，既能磷酸化丝/苏氨酸残基，也能磷酸化酪氨酸残基	能调节花生四烯酸代谢和微管形成，也能催化转录因子的磷酸化，导致基因的转录和关闭

非受体型 PTK

非受体型 PTK，可分五个大家族，受体将其激活后，能将信息传下游。

表 19-10　非受体型 PTK 的主要作用

基因家族名称	举例	细胞内定位	主要功能
Src 家族	Src、Fyn、Lck、Lyn 等	与受体结合存在于质膜内侧	接受受体传递的信号，发生磷酸化而激活，通过催化底物的酪氨酸磷酸化向下游传递信号
ZAP70 家族	ZAP70、Syk	与受体结合存在于质膜内侧	通过 T 淋巴细胞的抗原受体或 B 淋巴细胞的抗原受体传递信号
Tec 家族	Btk、1tk、Tec 等	存在于细胞质	位于 ZAP70 家族和 Src 家族下游，接受 T 淋巴细胞抗原受体或 B 淋巴细胞抗原受体的传递信号
JAK 家族	JAK1、JAK2、JAK3 等	与一些白细胞介素受体结合存在于质膜内侧	介导白细胞介素受体活化信号
核内 PTK	Abl、Wee	细胞核	参与转录过程或细胞周期的调节

注释：这些 PTK 本身并不是受体。有些 PTK 可直接与受体结合，被受体激活后向下游传递信号；有些则是存在于胞质或胞核中，由其上游信号转导分子激活，再向下游传递信号。

信号转导蛋白（信转蛋白）

信转蛋白有多种，相互作用传信息，衔接蛋白G蛋白，支架蛋白亦参与。

表 19-11　蛋白质相互作用结构域及其识别模体举例

蛋白质相互作用结构域	缩写	存在分子种类	识别模体
Src homology 2	SH2	蛋白激酶、磷酸酶、衔接蛋白等	含磷酸化酪氨酸模体
Src homology 3	SH3	衔接蛋白、蛋白激酶、磷脂酶等	富含脯氨酸模体
Pleckstrin homology	PH	蛋白激酶、细胞骨架调节分子等	磷脂衍生物
protein tyrosine binding	PTB		含磷酸化酪氨酸模体

三、细胞受体介导的细胞内信号转导

受体的种类

受体分为三类型：胞膜、胞质、核受体。

表 19-12　受体的种类及作用机制

	膜受体	胞质受体	核受体
受体部位	细胞膜	细胞质	细胞核
常见激素	除甲状腺激素外的含氮激素	糖皮质激素、雌激素、雄激素、孕激素	甲状腺激素、$1,25\text{-}(OH)_2D_3$、雌激素、雄激素、孕激素
受体实质	跨膜糖蛋白	特殊的可溶性蛋白质	对转录起调节作用的蛋白质
作用机制	膜上与受体结合，通过G蛋白介导，或PTK激活，发生磷酸化，诱导细胞内效应	激素进入胞质与受体结合后，转移至胞核，再与核受体结合，调控转录	激素直接进入胞核与受体结合，发生磷酸化，最终产生增强转录效应
作用原理	第二信使学说	基因表达学说	基因表达学说

胞内受体介导的信号转导

信号分子脂溶性，透膜穿质入核内，启动基因来转录，生成信使RNA，指导合成蛋白质，生理作用来发挥。

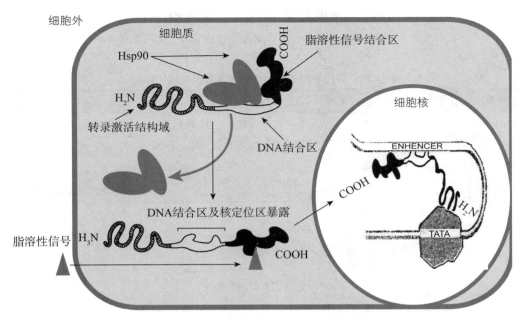

图 19-2 细胞内受体结构及作用机制示意图

脂溶性激素受体存在于细胞内，通常都是转录因子，分子中具有锌指结构作为其 DNA 结合区。在没有激素作用时，受体与抑制蛋白（热激蛋白）形成复合物，因此阻止了受体向细胞核的移动及其与 DNA 的结合。当激素与受体结合时，受体构象发生变化，导致热激蛋白与其解聚，暴露出受体的核内转移部位及 DNA 结合部位，激素 - 受体复合物向核内转移，并结合在特异基因的激素反应元件上，诱导相应的基因表达，引起细胞功能改变

核受体

核受体分四区域，一面结合各激素，一面结合 DNA，启动 DNA 转录。

表 19-13 核受体的结构

组成成分	结构要点	功能
高度可变区	位于 N 末端，含 25 ～ 603 个氨基酸残基，具有一个非激素依赖的组成性转录激活功能区	具有转录激活作用，多为抗体结合的部位
DNA 结合区	位于受体分子中部，由 66 ～ 68 个氨基酸残基组成，富含半胱氨酸并具有锌指结构	能顺着 DNA 螺旋旋转并与之结合
铰链区	多数核受体主要定位于核内，为一短序列	能与转录因子相互作用，触发受体向核内移动
激素结合区	位于 C 末端，由 220 ～ 250 个氨基酸残基组成	能与热激蛋白结合，与配体结合，使受体二聚化和激活转录

膜受体介导的细胞内信号转导

信号分子水溶性，需要求助膜受体。有的受体是通道，有的受体就是酶，有的受体在表面，还与 G 蛋白偶联。信号分子达受体，再由受体传胞内。

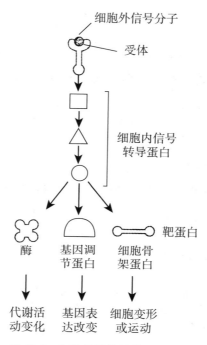

图 19-3　细胞信号转导基本模式图

细胞外信号→受体→细胞内多种分子的浓度、活性、位置变化→细胞应答反应

表 19-14　三类膜受体的结构和功能特点

特性	离子通道受体	G 蛋白偶联受体	酶偶联受体
配体	神经递质	神经递质、激素、趋化因子、外源刺激（味、光）	生长因子、细胞因子
结构	寡聚体形成的孔道	单体	具有或不具有催化活性的单体
跨膜区段数目	4 个	7 个	1 个
功能	离子通道	激活 G 蛋白	激活蛋白激酶
细胞应答	去极化与超极化（将化学信号转变为电信号）	去极化与超极化，调节蛋白质功能和表达水平	调节蛋白质的功能和表达水平，调节细胞分化和增殖

受体活性的调节机制

受体活性可调节，调节机制有五种。

表 19-15　受体活性的调节机制

受体活性的调节机制	说明
受体磷酸化和脱磷酸化	有的受体（如胰岛素受体）磷酸化后，能促进受体与相应配体结合；而有的受体（如类固醇受体）磷酸化后无力与其配体结合
膜磷脂代谢的影响	膜磷脂在维持膜流动性和膜受体蛋白活性中起重要作用
修饰受体分子中的疏基和二硫键	受体分子中的疏基或二硫键的变化使其空间结构松散及生物活性减弱或丧失
受体蛋白被水解	有些膜受体可通过内化方式被溶酶体降解
G 蛋白的调节	G 蛋白参与多种活化受体与腺苷酸环化酶之间的偶联作用，当一个受体系统被激活而使 cAMP 水平升高时，就会降低同一个细胞受体对配体的亲和力

G 蛋白偶联受体介导的跨膜信号转导

化学信使到胞外，先与受体相结合，受体激活 G 蛋白，调节信息转胞内。

G 蛋白的作用广，激活效应器分子，后者多为蛋白酶，第二信使能产生，

再来激活多种酶，逐级放大产效应。转导通路有多种，产生效应各不同。

表 19-16　几种重要的 G 蛋白偶联受体介导的信号转导通路

通路	主要机制	生物效应
1	Gs 激活 cAMP-PKA	提高心肌收缩力，增加糖原分解和激活靶基因等
2	Gi 抑制 cAMP 的产生	与上述效应相反
3	Gq 激活 PLCβ、DAG 和 IP_3 水平增加	提高心肌收缩力和血管平滑肌收缩力，促进基因表达和细胞增殖
4	激活 PLA_2 激活 PLD	促进花生四烯酸、PGs、LTB、TXA_2 生成 促进磷脂酸和胆碱生成
5	激活 MAPK 家族	调节基因表达，促进细胞的增殖、分化以及对细胞应激的反应
6	激活 PI3K-PKB 通路	参与胰岛素调节糖代谢，促进细胞存活和抗凋亡，参与调节细胞的变形和运动
7	直接或间接调节离子通道的蛋白活性	参与对神经和心血管组织的功能调节

注释：PLA，磷脂酶 A；PLC，磷脂酶 C；PLD，磷酯酶 D；PGs，前列腺素；LTB，白三烯 B；TXA_2，血栓素 A_2。

G 蛋白

G 蛋白，有多种，相应受体和信使，组成信号转导系，细胞活动受调节。

表 19-17　G 蛋白的分类及偶联受体与效应器

G 蛋白	效应器功能	第二信使	受体
s	激活腺苷酸环化酶	cAMP ↑	β- 肾上腺素受体
olf	激活腺苷酸环化酶	cAMP ↑	嗅觉受体
i	抑制腺苷酸环化酶 开放 K⁺ 通道	cAMP ↓ 膜电位 ↑	促生长素抑制素受体 促生长素抑制素受体
o	关闭 Ca²⁺ 通道	膜电位 ↓	N₂ 乙酰胆碱受体
t	激活 cGMP-PDE	cGMP ↓	视紫红质
q	活化 PLCβ	IP₃，DG ↑	M₁ 乙酰胆碱受体

Ras 蛋白与 G 蛋白的比较

Ras 蛋白 G 蛋白，作用意义有差别。

表 19-18　Ras 蛋白与 G 蛋白的比较

	Ras 蛋白	G 蛋白
分子组成	由一条多肽链组成	异源三聚体
活化	Ras-GDP 向 Ras-GTP 转变时需要鸟氨酸交换因子（GEF）	不需要 GEF
作用终止	Ras-GTP 向 Ras-GDP 转变时常需要 GTP 酶活化蛋白（GAP）	不需要 GAP
调节因素	通常受生长因子受体调控	受 G 蛋白偶联受体调控
生物学效应	主要参与细胞生长、增殖的调控	主要参与物质代谢，基因表达的调节

酶偶联受体介导的信号转导

胞外信号达受体，受体本身是激酶，受体一旦被激活，可将信息传胞内。

表 19-19　具有各种催化活性的受体

英文名	中文名	举例
receptors tyrosine kinase（RTK）	受体型蛋白酪氨酸激酶	表皮生长因子受体、胰岛素受体等
tyrosine kinase-coupled receptor（TKCR）	蛋白酪氨酸激酶偶联受体	干扰素受体、白细胞介素受体、T 细胞抗原受体等

续表

英文名	中文名	举例
receptors tyrosine phosphatase（RTP）	受体型蛋白酪氨酸磷酸酶	CD45
receptors serine/threonine kinase（RSTK）	受体型蛋白丝/苏氨酸激酶	转化生长因子β受体、骨形成蛋白受体等
receptors guanylate cyclase（RGC）	受体型鸟氨酸环化酶	心钠素受体等

📖 两条信号转导途径的比较

两条途径相对比，既有相同又相异。

表 19-20　膜受体与胞内受体信号转导途径比较

项目	膜受体信号转导途径	胞内受体信号转导途径
不同点		
激素	水溶性激素	脂溶性激素
受体	膜受体	胞内受体
第二信使	有	无
作用机制	通过第二信使激活蛋白激酶，使蛋白质磷酸化，表现生理效应	激素-受体复合物作为核内反式作用因子与激素反应元件结合，调节基因转录，表现生理效应
调节方式	快速调节	慢速调节
相同点	① 均为激素水平的调节 ② 以激素-受体复合物形式参与信号转导	

四、细胞信号转导的基本规律和复杂性

📖 细胞信号转导特点

发生终止均迅速，酶促级联能放大，转导通路可共用，通路之间可交叉。

表 19-21　细胞信号转导过程的特点和规律

特点和规律	说明
反应迅速	对外源信息反应信号的发生和终止十分迅速，既可以迅速满足功能调整的需要，已产生的信号又能及时终止以便细胞恢复常态
具有级联放大效应	信号转导过程是多级酶促反应，能保证细胞反应的敏感性

续表

特点和规律	说明
有通用性又有专一性	一些信号转导分子和信号转导通路常为不同受体所共有，使有限的信号转导分子能满足多种受体信号转导的需要，通过不同形式的组合可对特定的胞外信息产生专一性应答
通路间有广泛的信息交流	一条信号转导途径的成员，可参与激活另一信号转导途径；一种信息分子可作用于几条信号转导途径；两条不同的信号转导途径可共同作用于同一种效应蛋白或同一基因调控区，以协同发挥作用

五、细胞信号转导异常与疾病

🌿 细胞信号转导异常的发生

细胞信号之转导，发生层次有两类。信号转导出异常，发生层次分两端：一是受体有异常，二是受体后有恙。

表 19-22　信号转导异常发生的层次

发生层次	说 明
受体异常激活或失活	
受体异常激活	① 基因突变产生活性高的异常受体 ② 受体基因过度表达，受体数量异常增多 ③ 外源信号异常增多，使受体异常激活
受体异常失活	① 受体数量减少：受体合成减少或分解加速 ② 受体与配体亲和力降低 ③ 受体 PTK 活性降低 ④ 自身抗体致特定受体失活
信号转导分子异常激活或失活	
胞内信号转导分子异常激活	① 信号转导分子结构改变 ② G 蛋白 Ras 基因突变可异常激活
胞内信号转导分子异常失活	信号转导分子表达降低或结构改变

🌿 信号转导异常与疾病的发生

一些疾病之发生，信号转导有异常，细胞功能有改变，活动减弱或增强。

表 19-23 信号转导异常与疾病

信号转导异常	可能引起的疾病（举例）
信号转导异常可致细胞获得异常功能或表型	
细胞获得异常增殖功能	肿瘤：*ERB-B* 癌基因异常表达；*RAS* 基因突变，Ras 蛋白持续激活；MAPK 通路持续激活，肿瘤细胞持续增殖
细胞分泌功能异常	肢端肥大症（成人）或巨人症（儿童）：G 蛋白 α 亚基突变失去 GTP 酶活性，G 蛋白异常激活，使垂体过度分泌 GH
细胞膜通透性改变	霍乱：霍乱霉素 A 亚基使 G 蛋白持续激活 PKA，小肠上皮细胞膜蛋白磷酸化，使膜 Na^+、Cl^- 通道持续开放，引起腹泻和水、电解质紊乱
信号转导异常导致细胞正常功能缺失	
失去正常的分泌功能	甲状腺功能减退症：TSH 受体的阻断性抗体抑制 TSH 对受体的激活作用，使甲状腺激素分泌减少
失去正常的反应性	心力衰竭：慢性长期儿茶酚胺刺激使 β- 肾上腺素受体表达下降，心肌细胞对肾上腺素反应降低，细胞内 cAMP 降低，心肌收缩力降低
失去正常的调节能力	糖尿病：细胞膜受体功能异常，对胰岛素不能产生反应，组织细胞不能正常摄入和贮存葡萄糖

第二十章　常用分子生物学技术的原理及其应用

一、分子杂交和印迹技术

 印迹技术的基本流程

先将样本固相化，再用探针来杂交。

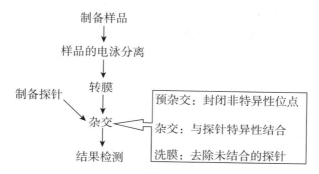

图 20-1　印迹技术的基本流程

印迹技术（blotting）是指将电泳分离后的变性核酸或者蛋白质固相化，再利用探针（核酸印迹的探针是标记的核酸片段，蛋白质印迹的探针是抗体）进行分子杂交的技术，包括核酸印迹（Southern blotting 和 Northern blotting）和蛋白质印迹（Western blotting）

 印迹技术的种类

印迹技术分三种，两类核酸及蛋白，样品电泳及转移，探针标记后检测。

表 20-1　印迹技术的种类

种类	Southern blotting	Northern blotting	Western blotting
检测样品	变性的 DNA	变性的 RNA	变性的蛋白质
样品的电泳分离	琼脂糖凝胶电泳（水平电泳）	琼脂糖凝胶电泳（水平电泳）	聚丙烯酰胺凝胶电泳（垂直电泳）
样品向膜转移	硝酸纤维素膜、正电荷尼龙膜	硝酸纤维素膜、正电荷尼龙膜	硝酸纤维素膜、PVDF 膜
探针	标记的 DNA 片段、标记的 RNA 片段	标记的 DNA 片段、标记的 RNA 片段	抗体
样品检测	根据探针标记的种类而定	根据探针标记的种类而定	检测与抗体偶联的酶或荧光素
应用	用于基因组 DNA 的定性和定量分析	用于检测已知特异 mRNA 的表达水平	用于检测样品中的特异性蛋白质的存在、细胞中特异蛋白质的半定量分析等

二、聚合酶链反应（PCR）技术

PCR 技术的流程和特点

变性退火再延伸，三步反应反复行，体外扩增 DNA，特异性强又灵敏。

表 20-2　PCR 反应的原理与应用

PCR 是三步骤的不断重复（一般为 25 ～ 30 个循环）		
变性	退火	延伸
温度	94℃	50 ～ 60℃	72℃
涉及的原料	DNA 模板	DNA 模板和一对引物 (forward primer 和 reverse primer)	耐热性 DNA 聚合酶 (Taq 等)、dNTP
功能	DNA 模板的双链分离成单链	一对引物分别与 DNA 模板互补配对	按照 DNA 模板指令在引物后添加互补的核苷酸，延伸子链
产物	PCR 使模板 DNA 扩增百万倍以上，产物是双链子代 DNA		
优点	特异性强、灵敏度高		
缺点	存在平台效应 (plateau effect)，不适用于定量分析		
用途	体外扩增基因、设计点突变等		

注释：聚合酶链反应（polymerase chain reaction，PCR）用于体外扩增 DNA 片段。以 DNA 分子为模板，以一对与模板互补的寡核苷酸片段为引物，反复进行变性、退火、延伸，在 DNA 聚合酶作用下，大量合成子代双链 DNA 片段。

PCR 的衍生技术

PCR 的衍生术，推广应用有多种。

表 20-3　PCR 的衍生技术

中文名称	英文名称	特点
逆转录 PCR	reverse transcription PCR	以 mRNA 为模板，先逆转录成 cDNA，再进行 PCR
原位 PCR	in situ PCR	不破坏细胞形态，先进行 PCR，再做核酸分子杂交，可直接在细胞中定位观察
重组 PCR	recombinant PCR	设计两对含部分重叠区域的引物，将两段 DNA 拼接成一整段 DNA
不对称 PCR	asymmetric PCR	用一对不定量引物进行 PCR，获得大量单链 DNA 产物
多重 PCR	multiplex PCR	用两对以上引物同时扩增多个靶序列

中文名称	英文名称	特点
反向 PCR	reverse PCR	扩增一对引物之外两侧的 DNA 序列
锚定 PCR	anchored PCR	仅已知一端引物序列，另一端加上 polyG，后采用通用引物 polyC，进行 PCR
巢式 PCR	nested PCR	两次 PCR，第一次扩增较大区域的 DNA 片段，从中再选择较小区域的 DNA 片段进行第二次扩增
实时定量 PCR	real time PCR	应用荧光染料实时记录 PCR 扩增中子链 DNA 的含量，检测结果是一条动态曲线（普通 PCR 的结果只是终点检测），用于定量分析

PCR 技术的主要用途

PCR 有多用处：微量基因可分析，目的基因可克隆，
基因顺序可测定，基因体外可突变，基因突变可分析。

表 20-4　PCR 技术的主要用途

用途	说明
简便、快捷克隆目的基因	① 可利用特异性引物，以 cDNA 或基因组 DNA 为模板，获得已知目的基因片段，或与逆转录反应相结合，直接以组织和细胞的 mRNA 为模板获得目的片段 ② 利用简并引物从 cDNA 文库或基因组文库中获得序列相似的基因片段 ③ 利用随机引物从 cDNA 文库或基因组文库中克隆基因
基因体外突变	利用 PCR 技术可按需要设计引物，在体外对目的基因片段进行嵌合、缺失、点突变等改造
DNA 和 RNA 微量分析	PCR 技术高度敏感，是对 DNA 和 RNA 进行微量分析的最好方法
DNA 序列测定	可方便、快速地对 DNA 序列进行测定
基因突变分析	PCR 技术与其他技术结合可以灵敏地进行基因突变分析

三、核酸序列分析

DNA 测序方法

研究核酸 DNA，测序可有三方法：
双脱氧链终止法，自动测序裂解法。

表 20-5 DNA 测序的方法

项目	化学裂解法	双脱氧链终止法 （Sanger 法）	DNA 自动测序技术
原理	末端标记的 DNA 链在四组独立的化学反应体系中，分别得到部分降解，其中每一种反应特意地针对某一种或某一类碱基	分别采用四种双脱氧核糖核苷酸（2'3'ddNTP）作为 DNA 链延伸的终止剂	分别用四种荧光素标记四种双脱氧核糖核苷酸（2'3'ddNTP），通过荧光检测和计算机分析自动读出 DNA 序列
ddNTP 标记	放射性核素	放射性核素	荧光素
样品制备	四组样品，一种化学修饰方法为一组	四组样品，一种 2'3'ddNTP 为一组	一组样品，四种 ddNTP 混合（分别用不同荧光素标记）

四、基因文库

基因文库的分类

基因文库分两类：DNA 与 cDNA。

表 20-6 基因文库的分类

项目	基因组 DNA 文库（genomic DNA library）	cDNA 文库（cDNA library）
基本组成单位	编码序列和非编码序列	编码序列
构建方式	用限制性核酸内切酶裂解基因组 DNA	提取细胞总 mRNA，再经过逆转录获得
克隆载体	噬菌体、黏粒、酵母人工染色体	质粒、噬菌体
理想的库容量	> 10^6（含 99% 的基因组 DNA 序列）	> 10^6（含低丰度的 mRNA 的信息））

五、生物芯片技术

生物芯片技术

生物芯片好技术，检测蛋白与基因。

表 20-7 生物芯片的分类

项目	基因芯片（gene chip）	蛋白质芯片（protein chip）
原理	核酸分子的碱基互补配对原则	抗原 - 抗体、受体 - 配体之间的亲和反应
固定化的探针	不同 DNA 片段点阵排列	不同蛋白质分子点阵排列
样品制备	用荧光标记待测的 DNA 混合物或者 RNA 混合物	用荧光标记待测的蛋白质混合物
用途	基因差异表达、基因诊断等	蛋白质差异表达、信号通路分析等

六、生物大分子相互作用研究技术

🖎 生物大分子相互作用研究方法

蛋白质与DNA，蛋白质与蛋白质，相互作用很重要，研究方法有多种。

表 20-8　蛋白质 - 蛋白质相互作用的研究方法

项目	酵母双杂交 (yeast two-hybrid system)	标签蛋白沉淀 (tagged protein precipitation)	免疫共沉淀 (co-im-munoprecipitation)	荧光共定位 (fluorescence co-localization)
原理	分别把A蛋白、B蛋白与酵母转录因子GAL4的DNA结合区（BD）、转录激活区（AD)相融合，如果A、B蛋白相互作用则下游基因表达	给A蛋白加上标签（GST，His等），体外与B蛋白孵育，亲和纯化标签-A-B复合物，变性电泳后可见A、B蛋白出现在同一泳道	细胞在非变性条件下被裂解时，蛋白质-蛋白质相互作用被保留。用抗蛋白A的抗体把A-B复合物沉淀下来，变性电泳后可见A、B蛋白出现在同一泳道	用抗蛋白A、B的两种抗体（标有不同荧光素），对完整的细胞进行免疫荧光染色，将两种颜色的图像叠加，观察双色是否重叠
优点	获取大量未知的相互作用蛋白	证明两种蛋白直接物理结合	体内结合试验	体内试验并且能亚细胞定位
缺点	酵母系统与高等生物差异性大，可能存在假象	体外结合试验	不能说明是直接结合还是间接结合	没有结合证据，只提示两者存在于细胞的同一部位

表 20-9　DNA- 蛋白质相互作用的研究方法

项目	电泳迁移率变动测定（EMSA）	染色质免疫沉淀（ChIP）
原理	非变性电泳时，寡核苷酸探针 - 蛋白质复合物的迁移速率慢于游离探针，表现为条带滞后。如果加入蛋白质的抗体，则寡核苷酸探针 - 蛋白质 - 抗体复合物的条带将更加滞后	活细胞状态下用交联剂固定蛋白质 -DNA复合物，随机切断染色质，用抗体将蛋白质 -DNA 复合物沉淀下来，再进行 PCR 扩增检测相应的 DNA 序列
优点	证明转录因子、顺式作用元件直接物理结合	体内结合试验
缺点	体外结合试验	不能说明是直接结合还是间接结合

🖎 酵母双杂交

采用酵母双杂交，研究蛋白技术好。

蛋白作用及机制，相关资料可知晓。

表 20-10 酵母双杂交技术的应用

用途	说明
研究蛋白质的相互作用	证明两种已知基因序列的蛋白质可以相互作用的生物信息推测
探讨蛋白质相互作用的机制	分析已知存在相互作用的两种蛋白质分子的相互作用机制、功能结构域或关键的氨基酸残基
筛选未知的相互作用蛋白质	将拟研究的蛋白质的编码基因与 BD 基因融合成为"诱饵"表达质粒，可以筛选 AD 基因融合的"猎物"基因表达文库，可筛选出未知的相互作用的蛋白质

注释：BD，binding domain；AD，activation domain。

第二十一章 DNA 重组及重组 DNA 技术

一、自然界的 DNA 重组和基因转移

✎ DNA 重组与基因转移方式

基本方式有多种：同源特异与转座。原核基因还有三：接合、转化与转导。

表 21-1 自然界的 DNA 重组和基因转移

DNA 重组与基因转移方式	说明
同源重组 （基本重组）	指发生在同源序列间的重组，通过链的断裂和再连接，在两个 DNA 分支同源序列间进行单链或双链片段的交换
位点特异性重组	两个 DNA 序列的特异位点之间发生整合。此过程需有整合酶等位点特异性蛋白酶因子参与
转座重组	由内含子和转座子介导的基因移位或重排。所谓转座子是指可从一个染色体位点转移到另一位点分散的重复序列，即可发生转座的 DNA 序列
原核细胞的基因重组和转移	
接合作用	当细胞或细菌通过菌毛相互接触时，质粒 DNA 就从一个细胞转移到另一个细胞的方式
转化作用	通过自动获取或人为地供给外源 DNA，使细胞或培养的受体细胞获得新的遗传表型的方式
转导作用	病毒从被感染的细胞释放出来，再次感染另一个细胞时，发生在供体细胞与体细胞间的 DNA 转移及基因重组的方式

✎ 同源重组

同源重组 DNA，基本过程四步骤：同源染色体排齐，二者形成中间体，产生双源 DNA，同源 DNA 重组。

表 21-2 同源重组

项目	说明
概念	发生在同源系列间的重组，是基本的 DNA 重组方式
基本过程	以 Holiday 模型为例
同源染色体排列	两个同源染色体排列整齐
Holiday 中间体形成	一个 DNA 的一条链断裂，并与另一个 DNA 对应链相连接

续表

项目	说明
产生双源双链 DNA	通过分支移动
重组体 DNA 的形成	Holiday 中间体切开并修复，形成片段重组体*和拼接重组体*

注释：片段重组体指切开的链与原来断裂的链是同一条链，重组体含有一段异源双链，其两侧来自同一亲本 DNA。拼接重组体指切开的链不是原来断裂的链，重组体异源双链的两侧来自不同亲本 DNA。

二、重组 DNA 技术

重组 DNA 技术中常用的工具酶

若要重组 DNA，需要多种工具酶。

表 21-3 重组 DNA 技术中常用的工具酶

工具酶	功能
限制性核酸内切酶	识别特异序列，切割 DNA
DNA 连接酶	催化 DNA 中相邻的 5′磷酸基和 3′羟基末端之间形成磷酸二酯键，使 DNA 切口封合或使两个 DNA 分子或片段连接
DNA 聚合酶 I	① 合成双链 cDNA 分子或片段连接 ② 缺口平移制作高比活探针 ③ DNA 序列分析 ④ 填补 3′末端
Klenow 片段	又名 DNA 聚合酶 I 大片段，具有完整 DNA 聚合酶 I 的 5′→3′聚合、3′→5′外切活性，而无 5′→3′外切活性。常用于 cDNA 第二链合成、双链 DNA 3′末端标记等
逆转录酶	① 合成 cDNA ② 代替 DNA 聚合酶 I 进行填补、标记或 DNA 序列分析
多聚核苷酸激酶	催化多聚核苷酸 5′羟基末端磷酸化，或标记探针
末端转移酶	在 3′羟基末端进行同质多聚物加尾
碱性磷酸酶	切除末端磷酸基

限制性核酸内切酶

限制性的内切酶，切割核酸有特点：
量小来自微生物，能识特殊 DNA，
5′端、3′端、平末端，切口可以分三类。

表 21-4　常用限制性核酸内切酶的特点

特点	说明
均来自微生物	以其来源的微生物学名进行命名，分 3 类，Ⅱ类酶是 DNA 重组技术中常用的
分子量小	仅需 Mg^{2+} 作为辅助因子，无需 ATP
识别特异性 DNA 序列	在序列内特异性切割产生特异性 DNA 片段
识别序列长度	连续的 4/6/8bp
识别序列特点	呈二元旋转对称，称为回文结构，富含 GC
有 3 种切口	5′端突出的黏末端（如 Hind Ⅲ）、3′端突出的黏末端（如 Pst Ⅰ）、平末端（如 Hpa Ⅰ）

重组 DNA 技术中常用的载体

基因重组用载体，载体应具多条件：宿主胞内能复制，具有适宜酶切点，插入基因容量大，遗传标志易识别，分子量小拷贝多，广泛应用又安全。

表 21-5　基因重组与基因工程所用载体应具备的基本条件

载体应具备条件	说明
自主稳定复制	在宿主细胞内可自行复制，并保持一定的拷贝数
多克隆位点	有适宜的限制性核酸内切酶切割位点，最好对同一种限制酶有单一切点
遗传标志	有一定的筛选标记，便于识别和筛选
插入容量大	可插入较大的外源 DNA 而不影响复制
分子量小，拷贝多	载体的分子量应尽量小
安全	安全才能得到广泛应用

质粒作为载体的特点

重组载体为质粒，质粒应备六特点：遗传结构能复制，环状双链 DNA，保持一定拷贝数，具有多种酶切点，遗传信息能携带，基因表达功能全。

表 21-6　作为载体的质粒所具备的特点

质粒的特点	说明
环状双链 DNA 分子	存在于细菌染色体外，分子量为 23 至几百 kb 不等
具有复杂功能的遗传结构	可在宿主细胞内独立自主地复制，并在细胞分裂时保持恒定地传给子代
可在细菌内保持一定的拷贝数	能很容易地从一个细菌转移入另一个细菌
含有多种限制酶切割位点	如含有 EcoR Ⅰ、Hind Ⅲ、BamH Ⅰ 等限制酶切位点
带有某些遗传信息	能赋予宿主细胞一些遗传性状，可作为选择标志，便于筛选
具有基因表达功能	可构建成表达载体，在原核细胞中进行目的基因的表达，故经过人工改造可构建出新的基因载体

🕊 重组 DNA 技术的基本原理及操作步骤

重组 DNA 六步：分、切、接、转、筛、表达。

表 21-7　重组 DNA 技术的步骤与说明

	基本过程	技术	说明
分	目的基因获取	化学合成法	通过 DNA 合成仪合成目的基因
		基因组 DNA 文库筛选	利用限制酶切割染色体获取目的基因
		cDNA 文库法	以 mRNA 为模板合成的互补 DNA
		聚合酶链反应	通过 PCR 仪设计引物，扩增获取目的基因
切	克隆载体选择与构建	根据实验的需要进行选择	
接	外源基因与载体的连接	黏性末端连接	
		平端连接	
		同聚物加尾	黏性末端的一种特殊形式
		人工接头连接	黏性末端的一种特殊形式
转	重组 DNA 导入受体菌	转化、转染、感染	根据重组 DNA 时采用的载体性质不同进行选择
筛	重组体的筛选	直接选择法	针对载体携带某种标志基因和目的基因而设计的方法，如抗药性标志选择、标志补救、分子杂交法
		免疫学方法	利用特异抗体与目的基因表达产物相互作用进行筛选，属非直接选择法
表达	克隆基因的表达	原核表达体系	需要载体的条件：①选择标志；②强启动子；③翻译调控序列；④多接头克隆位点 缺点：①不宜表达真核基因组 DNA；②不能加工表达的真核蛋白质；③表达的蛋白质常形成不溶性包涵体；④很难表达大量可溶性蛋白
		真核表达体系	优点：可表达克隆的 cDNA 及真核基因组 DNA、可适当修饰表达的蛋白质、表达产物可分区域积累 缺点：操作技术难、费时、费钱

三、重组 DNA 技术在医学中的应用

🕊 重组 DNA 技术的应用

重组 DNA 制剂，多种疾病可防治。

表 21-8　重组 DNA 医药产品

产品名称	临床应用
人胰岛素	治疗糖尿病
人生长激素	治疗侏儒症，加速创口愈合
α 干扰素	治疗癌症、病毒感染
β 干扰素	治疗带状疱疹，眼结膜、角膜炎
γ 干扰素	治疗癌症、病毒感染
人组织纤溶酶原激活因子（tPA）	溶解血栓，治疗急性心肌梗死
促红细胞生成素（EPO）	治疗肾性贫血，增加红细胞及血红蛋白水平
超氧化物歧化酶（SOD）	清除超氧化物，治疗关节炎，缓解心肌坏死
凝血因子Ⅷ	治疗 A 型血友病
血液凝固抑制因子	可使凝血因子Ⅴ、Ⅷ失活，与 tPA 合用可降低 tPA 用量
心房肽	治疗高血压、肾衰及其他心血管病
肿瘤坏死因子（TNF）	抗肿瘤，干扰病毒感染
尿激酶（UK）	溶解血栓
集落刺激因子（CSF）	刺激巨噬细胞，治疗感染性疾病和癌症
表皮生长因子（EGF）	促进创伤愈合，治疗眼损伤
白细胞介素 -2（IL-2）	T- 细胞生长因子，治疗肿瘤
原尿激酶（Pro-UK）	溶解血栓，治疗急性心肌梗死
疟疾疫苗	防治疟疾
乙型肝炎疫苗	防治乙型肝炎
神经生长因子	维持神经元存活、生长和分化
脑啡肽	镇痛
降钙素	治疗骨质疏松症

基因工程疫苗

基因工程制疫苗，制备方法很奇妙，疫苗产品多样化，疫苗质量大提高。

表 21-9　基因工程疫苗的种类

种类	说明
基因工程亚单位疫苗	将基因工程表达的蛋白抗原纯化后制成的疫苗
载体疫苗	利用微生物做载体，将保护性抗原基因重组到微生物体内，使用能表达保护性抗原的重组微生物制成的疫苗

续表

种类	说明
核酸疫苗（基因疫苗）	使用能表达抗原的基因本身（即核酸）制成的疫苗
基因缺失活疫苗	用基因工程技术去除与毒力有关基因获得的突变毒株制成的疫苗
蛋白质工程疫苗	指将抗原基因加以改造，使之发生点突变、插入、缺失、构型改变，甚至进行不同基因或部分结构域的人工组合，以期达到增强其产物的免疫原性、扩大反应谱、去除有害作用或副反应的一类疫苗

 基因重组的应用

基因重组在医药，应用前景很广阔。

表 21-10　基因重组在医药卫生事业中的主要用途

基因工程的用途	说明
研究人类基因的全序列及其功能	在了解人类基因组结构的基础上，可进一步研究基因的功能、表达与调控
基因诊断和基因治疗	基因诊断不仅能解决临床诊断的疑难问题，还能揭示某些重大疾病的发病机制。基因治疗不仅限于遗传病，还包括免疫缺陷、肿瘤及其他基因表达异常所致的疾病
基因工程产品的开发与利用	已开发的产品有：①基因工程疫苗；②基因工程生产的激素类；③多种细胞因子；④遗传病的预防，包括遗传病的产前诊断、携带者测试、症候前诊断、预测遗传病易感性等

第二十二章　基因结构与功能分析技术

一、基因结构分析技术

 基因结构分析技术

基因结构之分析，分析技术有多种。

各部结构能测定，根据需要来选用。

表 22-1　基因结构分析技术

基因结构分析技术	方法及原理
基因测序技术	第一代技术——全自动激光荧光 DNA 测序技术：基于 Sanger 双脱氧法 第二代技术——循环芯片测序技术：对 DNA 样本芯片重复进行反应，通过显微镜设备观察并记录连续测序循环中碱基连接到 DNA 链上过程中释放出的光学信号，从而确定核苷酸序列 第三代技术——单分子测序技术：①通过参与并检测荧光标记的核苷酸，实现单分子测序；②利用 DNA 聚合酶在合成 DNA 时的天然化学方式测序；③直接读取单分子 DNA 序列信息
基本转录起点（TSS）分析技术	① 用 cDNA 克隆直接测序法鉴定 TSS ② 用 5′-cDNA 末端快速扩增技术鉴定 TSS ③ 用数据库搜索 TSS
基因启动子结构分析技术	① 用 PCR 结合测序技术分析启动子结构 ② 用核酸 - 蛋白质相互作用技术分析启动子结构 ③ 用生物信息学预测启动子
基因编码序列分析技术	① 用 cDNA 文库法分析基因编码序列 ② 用 RNA 剪接分析法确定基因编码序列 ③ 用数据库分析基因编码序列
基因拷贝数分析技术	DNA 印迹（Southern 印迹）、实时定量 PCR 技术等

二、基因表达产物分析技术

 基因表达产物分析技术

基因表达之产物，分析策略两层次：转录检测 RNA，翻译分析蛋白质。

表 22-2　基因表达产物分析技术

常用技术或策略	方法
通过检测 RNA 在转录水平分析基因表达	① 用核酸杂交法检测 RNA 表达水平 ② 用 PCR 技术检测 RNA 表达水平 ③ 用基因芯片和高通量测序技术分析 RNA 表达水平

续表

常用技术或策略	方法
通过检测蛋白质 / 多肽在翻译水平分析基因表达	① 用蛋白质印迹技术检测蛋白质 / 多肽 ② 用酶联免疫吸附试验分析蛋白质 / 多肽 ③ 用免疫组化试验原位检测组织表达的蛋白质 / 多肽 ④ 用流式细胞术分析表达特异蛋白质的阳性细胞 ⑤用蛋白质芯片和双向电泳高通量分析蛋白质、多肽表达水平

三、基因的生物学功能鉴定技术

基因生物学功能研究策略

基因生物学功能，研究策略分三种。

表 22-3　基因的生物学功能鉴定技术

研究策略	常用方法
用功能获得策略鉴定基因功能	① 用转基因技术获得基因功能 ② 用基因敲入技术获得基因功能
用功能失活策略鉴定基因功能	① 用基因敲除技术使基因功能完全缺失 ② 用基因沉默技术使基因功能部分缺失
用随机突变筛选鉴定基因功能	① 乙基亚硝基脲（ENU）诱变法 ② 基因捕获技术

第二十三章 癌基因、抑癌基因与生长因子

一、癌基因

癌基因与肿瘤发生

抑癌基因癌基因，常与肿瘤联系紧。抑癌基因或失活，
异常激活癌基因，细胞增殖会失控，肿瘤最终可发生。

表 23-1 癌基因、抑癌基因与肿瘤发生之间的关系

肿瘤发生的原因	说明
病毒癌基因进入宿主细胞并表达	逆转录病毒感染宿主细胞后，先以病毒 RNA 为模板，在逆转录酶催化下合成双链 DNA 前病毒。随后病毒 DNA 整合到细胞基因组，将病毒癌基因转导至宿主细胞本身基因组内，从而获得致癌性质
原癌基因异常激活	理化及生物因素引起原癌基因异常激活，出现癌基因新的表达产物或过量的癌基因正常表达产物，或产生异常的癌基因表达产物
原癌基因突变	原癌基因突变可成为具有致癌作用的癌基因
原癌基因的表达产物	编码产物为胞外生长因子、跨膜的生长因子受体等
抑癌基因丢失或失活	抑癌基因失去了抑癌作用

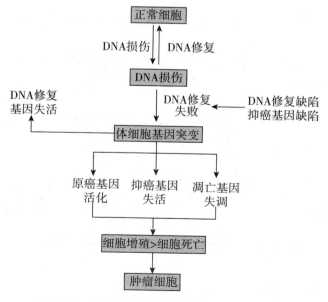

图 23-1 促进正常细胞向肿瘤细胞转化的因素

逆转录病毒癌基因

几种逆转录病毒，动物来源有几种，细胞中有癌基因，基因产物各不同。

表 23-2 逆转录病毒的一些癌基因

癌基因	逆转录病毒	来源	癌基因产物	亚细胞定位
abl	Abelson 鼠白血病病毒	鼠	酪氨酸蛋白激酶	质膜
erb-B	禽白血病病毒	小鸡	断裂的 EGF 受体	质膜
fes	猫肉瘤病毒	猫	酪氨酸蛋白激酶	质膜
fos	鼠肉瘤病毒	鼠	转录因子 AP-1 与 Jun 的复合物	胞核
jun	禽肉瘤病毒	小鸡	转录因子 AP-1 与 Fos 的复合物	胞核
myc	髓细胞瘤病毒 29	小鸡	DNA 结合蛋白	胞核
sis	猴肾肉瘤病毒	猴	断裂的 PDGF（B 链）	膜分泌
src	劳氏肉瘤病毒	小鸡	酪氨酸蛋白激酶	质膜

注释：EGF 为表皮生长因子，PDGF 为血小板源性生长因子。

表 23-3 病毒癌基因的特点

特点	说明
大多由逆转录病毒引起	逆转录病毒为 RNA 病毒
存在于宿主细胞内	病毒结构不完善，只能生存在宿主活细胞内
可使靶细胞发生恶性转化	

表 23-4 细胞癌基因（原癌基因）的特点

特点	说明
分布范围广	广泛存在于生物界中，从酵母到人的细胞普遍存在
结构稳定	在进化过程中，基因序列呈高度保守性
功能通过其表达产物蛋白质来体现	存在于正常细胞中不仅无害，而且对维持细胞正常功能、调控细胞生长和分化起重要作用，是细胞发育、组织再生、创伤愈合等所必需
过度激活可致癌	在某些因素（如放射线、某些化学物质）作用下，一旦被激活，发生数量或结构上的变化时，会形成致癌性的细胞转化基因

表 23-5　人体内细胞癌基因的分类及功能举例

类别	癌基因名称	作用
生长因子类	*SIS*	PDGF-2
	INT-2	FGF 同类物，促进细胞增殖
蛋白酪氨酸激酶类生长因子受体	*EGFR*	EGF 受体，促进细胞增殖
	HER-2	EGF 受体类似物，促进细胞增殖
	FMS、*KIT*	M-CSF 受体、SCF 受体，促进细胞增殖
膜结合的蛋白酪氨酸激酶	*SRC*、*ABL*	与受体结合转导信号
细胞内蛋白酪氨酸激酶	*TRK*	在细胞内转导信号
细胞内蛋白丝 / 苏氨酸激酶	*RAF*	MAPK 通路中的重要分子
与膜结合的 GTP 结合蛋白	*RAS*	MAPK 通路中的重要分子
核内转录因子	*MYC*、*FOS*、*JUN*	促进增殖相关基因表达

注释：EGF（epidermal growth factor），表皮生长因子；M-CSF（macrophage colony-stimulating factor），巨噬细胞集落刺激因子；PDGF(platelet-derived growth factor)，血小板源性生长因子；FGF(fibroblast growth factor)，成纤维细胞生长因子；SCF（stem cell factor），干细胞生长因子。

表 23-6　细胞癌基因的分类及功能

类别	癌基因	表达产物
src 家族	*abl*、*fes*、*fps*、*fym*、*kek*、*lck*、*yes*、*lyn*、*ros*、*src*、*tkl*	多具有酪氨酸蛋白激酶活性并与胞膜结合，多有同源性
ras 家族	*H-ras*、*K-ras*、及 *N-ras*	21kD 的小 G 蛋白，即 p21
myc 家族	*c-myc*、*l-myc*、*m-myc*、*fas*、*myb*	DNA 结合蛋白
sis 家族	*sis*	p28，与 PDGF-β 同源
erb 家族	*erb-A*、*erb-B*、*fms*、*mas*、*trk* 等	细胞骨架蛋白类
myb 家族	*myb*、*myb-et* 等	与 DNA 结合为核内转录调节因子

表 23-7　细胞癌基因活化机制

活化机制	举例
点突变	点突变可能造成基因编码蛋白质中氨基酸替换，从而导致蛋白质功能改变。例如 E-J 膀胱癌细胞株中 *c-RAS* 点突变
基因扩增	原癌基因通过基因扩增，增加基因拷贝数，产物过量表达，可使细胞转化。例如小细胞肺癌 *c-MYC* 扩增
DNA 重排	可导致原癌基因序列缺失或与周围的基因序列交换，基因产物结构、功能改变。例如结肠癌中发现 *c-TRK* 与非肌原肌球蛋白基因之间的 DNA 重排

续表

活化机制	举例
染色体易位	可导致原癌基因与强启动子连接或受增强子调控，从而使产物过量表达，导致细胞转化。例如慢性髓细胞性白血病中有9号染色体 c-ABL 与22号染色体上 BCR 基因对接
病毒基因启动子及增强子的插入	禽类白细胞增生病毒（ALV）整合在禽类基因组中，由前病毒的长末端重复序列（LTR）中的启动子及增强子调控 c-MYC 表达，导致肿瘤产生

表 23-8　癌基因及其相关肿瘤

分类	原癌基因作用	癌基因	活化机制	亚细胞定位	相关肿瘤
生长因子类	PDGF-β 链	sis	过度表达	细胞外	星形细胞瘤、骨肉瘤、乳腺癌等
	FGF	hst-1	过度表达	细胞外	胃癌、胶质母细胞瘤等
		int-2			膀胱癌、乳腺癌、黑色素瘤等
生长因子受体（具蛋白激酶活性）	EGFR 家族	erb-B1	过度表达	透膜	肺鳞癌、脑膜瘤、卵巢癌等
		erb-B2（又称 Neu 或 Her-2）	扩增	透膜	乳腺癌、卵巢癌、肺癌、胃癌等
		erb-B3	过度表达	透膜	乳腺癌
	csf-1 受体	fms	点突变	透膜	白血病
	酪氨酸激酶生长因子受体	c-Met	基因扩增重排过度表达	透膜	胃癌、肝细胞癌、肾乳头状细胞癌等
参与信号转导的蛋白质	结合 GTP	H-ras	点突变	胞膜内	甲状腺癌、膀胱癌等
		K-ras	点突变	胞膜内	结肠癌、肺癌、胰腺癌等
		N-ras	点突变	胞膜内	白血病、甲状腺癌等
	非受体酪氨酸激酶	abl	易位	胞膜内	慢性髓性及急性淋巴细胞性白血病等
细胞核调节性蛋白质	转录活化物	C-myc	易位	核内	Burkitt 淋巴瘤
		N-myc	扩增	核内	神经母细胞瘤、肺小细胞癌
		L-myc	扩增	核内	肺小细胞癌等
其他		Bcl-2	易位	核膜胞膜内	结节型非霍奇金淋巴瘤等
		Mdm-2	扩增过度表达	核内	乳腺癌、骨肉瘤、神经母细胞瘤等

二、抑癌基因

抑癌基因与肿瘤发生

抑癌基因十余种，正常功能各不同，抑制细胞恶性变，功能受损患癌症。

表 23-9　常见的某些抑癌基因及其功能

名称	染色体定位	相关肿瘤	编码产物及功能
TP53	17p13.1	多种肿瘤	转录因子 p53，细胞周期负调节和 DNA 损伤后凋亡
RB	13q14.2	视网膜母细胞瘤、骨肉瘤	转录因子 p105Rb
PTEN	10q23.3	胶质瘤、膀胱癌、前列腺癌、子宫内膜癌	磷脂类信使的去磷酸化，抑制 PI3K-Akt 通路
P16	9p21	肺癌、乳腺癌、胰腺癌、食管癌、黑色素瘤	P16 蛋白、细胞周期检查点负调节
P21	6p21	前列腺癌	抑制 Cdk1、2、4 和 6
APC	5q22.2	结肠癌、胃癌等	G 蛋白、细胞黏附与信号转导
DCC	18q21	结肠癌	表面糖蛋白（细胞黏附分子）
NF1	7q12.2	神经纤维瘤	GTP 酶激活剂
NF2	22q12.2	神经鞘膜瘤、脑膜瘤	连接膜与细胞骨架的蛋白
VHL	3p25.3	小细胞肺癌、宫颈癌、肾癌	转录调节蛋白
WT1	11p13	肾母细胞瘤	转录因子

注释：TP53，tumor protein p53；NF，neurofibromatosis 神经纤维瘤；APC，adenomatous polyposis coli 多发性结肠腺瘤；VHL，Von Hippel-Lindau 综合征，血管母细胞瘤合并肾或胰腺等多种肿瘤；WT，Wilms tumor 威尔姆肿瘤；DCC，deleted in colorectal carcinoma 结肠癌缺失基因。

三、生长因子

生长因子的作用

生长因子有多种，调节生长有作用。

表 23-10　常见生长因子举例

生长因子名称	组织来源	主要生物学效应
表皮生长因子（EGF）	唾液腺、巨噬细胞、血小板等	促进表皮与上皮细胞的生长，尤其是消化道上皮细胞的增殖
肝细胞生长因子（HGF）	基质细胞	促进细胞分化和细胞转移
促红细胞生成素（EPO）	肾	调节红细胞的发育
类胰岛素生长因子（IGF）	血清	促进硫酸盐渗入到软骨组织，促进软骨细胞的分裂，对多种组织细胞起胰岛素样作用

生长因子名称	组织来源	主要生物学效应
神经生长因子（NFG）	颌下腺含量高	营养交感和某些感觉神经元，防止神经元退化
血小板源性生长因子（PDGF）	血小板、平滑肌细胞	促进间质及胶质细胞的生长，促进血管生成
转化生长因子 α（TGFα）	肿瘤细胞、巨噬细胞、神经细胞	作用类似于 EGF，促进细胞恶性转化
转化因子 β（TGFβ）	肾、血小板	对某些细胞起促进和抑制双向作用
血管内皮生长因子 (VEGF)	低氧应激细胞	促进血管内皮增殖和新生血管分化

生长因子作用的模式

生长因子起作用，作用方式有三种：随血运送远距离，通常称为内分泌；有的扩散到邻近，人们称为旁分泌；还有一种自分泌，自产自销管自己。

表 23-11　生长因子作用的模式

作用模式	说明
内分泌	生长因子从细胞分泌后，通过血液循环运输，作用于远距离靶细胞
旁分泌	细胞分泌的生长因子作用于邻近的其他类型细胞
自分泌	生长因子作用于合成及分泌该生长因子的同一种细胞

生长因子作用的机制

生长因子有受体，结合之后传信息，启动 DNA 活化，通过转录与翻译，合成特殊蛋白质，调节细胞起效应。

生长因子与疾病

某些疾病之发生，生长因子可参与。

表 23-12　生长因子与疾病

疾病或病理过程	生长因子的作用
原发性高血压	*myc* 原癌基因的激活与高血压发生有关，*P53* 抑癌基因表达降低或基因突变也与高血压发生有关
动脉粥样硬化	癌基因的高表达产生过量的血小板源性生长因子，参与动脉粥样硬化的发生
心肌肥厚	许多癌基因（*ras*、*myb*、*myc*、*fos* 等）的过量表达，产生大量 IGF、TGF、FGF，造成心肌肥厚
细胞凋亡	野生型 *P53* 基因能诱发髓性白血病及其他癌细胞凋亡，突变型 *P53*、神经生长因子等能抑制细胞凋亡

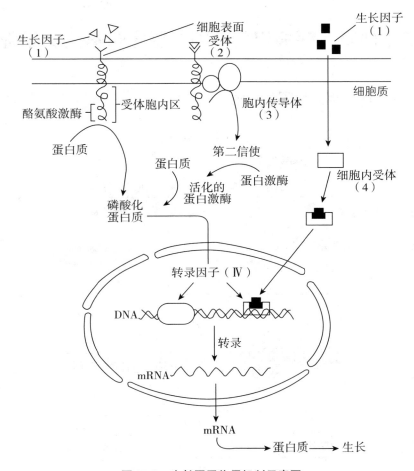

图 23-2 生长因子作用机制示意图

第二十四章　疾病相关基因的鉴定与基因功能研究

一、鉴定疾病相关基因的原则

基因鉴定

疾病相关之基因，鉴定原则要记清。

表 24-1　鉴定疾病相关基因的原则

原则	说明
确定疾病表型和基因的实质联系	鉴定疾病相关基因的关键
需要多学科、多途径的综合策略	鉴定疾病相关基因是一项艰巨的系统工程，需要多学科紧密配合，针对不同的疾病采取不同的策略
确定候选基因	多种克隆疾病相关基因方法的交汇

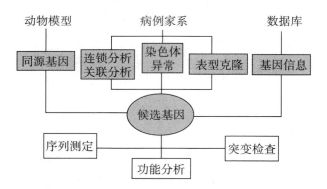

图 24-1　疾病相关基因鉴定克隆策略示意图

二、疾病相关基因克隆的策略和方法

基因克隆

疾病基因之克隆，策略方法有多种。

表 24-2　疾病相关基因克隆的策略和方法

策略	方法
不依赖染色体定位的疾病相关基因克隆策略	
从已知蛋白质的功能和结构出发克隆疾病基因	①依据蛋白质的氨基酸序列信息鉴定克隆疾病相关基因 ②用蛋白质的特异性抗体鉴定疾病基因

续表

策略	方法
不依赖染色体定位的疾病相关基因克隆策略	
从疾病的表型差异发现疾病相关基因	① 直接对产生变异的 DNA 片段进行克隆：利用基因组错配筛选、代表性差异分析（RDA）等技术 ② 针对已知的基因：采用 Northern 印迹法等技术 ③ 针对未知的基因：采用 mRNA 差异显示（mRNA-DD）、抑制消减杂交（SSH）等技术
鉴定克隆疾病相关基因	采用动物模型鉴定
定位克隆	① 体细胞杂交法：通过融合细胞的筛查定位基因 ② 染色体原位杂交：在细胞水平定位基因 ③ 染色体异常：有时可提供疾病基因定位 ④ 连锁分析：能定位疾病未知基因
确定常见病基因的策略	需要全基因组关联分析和全外显子测序
使用生物信息数据库	生物信息数据库贮藏着丰富的疾病相关基因信息

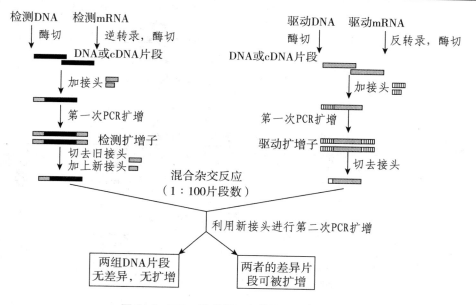

图 24-2　RDA 技术原理和基本过程示意图

基本步骤：① DNA 片段制备：分别提取正常人基因组 DNA（检测 DNA）和患者基因组 DNA（驱动 DNA），用限制性内切酶消化 DNA，获得长度在 150 ~ 1000bp 之间的片段；②获得扩增子：在两组的所有 DNA 片段上加上接头，以接头的互补序列为引物，进行第一次 PCR 扩增，所获得扩增产物称扩增子（amplicon）；③更换接头：切去所有扩增子的接头，仅在检测扩增子上加上新的接头；④筛选扩增产物：按 1:100 的比例混合检测扩增子和驱动扩增子，进行液相杂交。取少量杂交反应物为模板，以新的接头为引物再进行第二次 PCR 扩增，即可筛选出两组 DNA 样品间的差异片段。

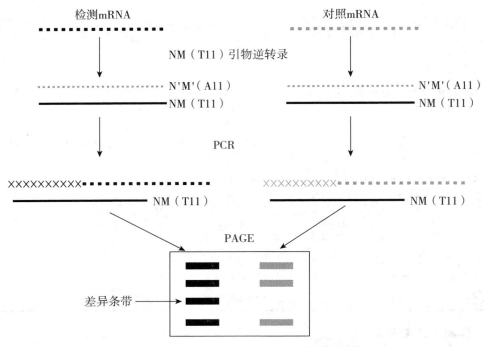

图 24-3   mRNA-DD 技术原理和基本过程示意图

疾病相关基因的克隆与鉴定

基因克隆分两类，功能克隆与定位。

表 24-3   疾病相关基因的克隆与鉴定

	功能克隆	定位克隆
原理	根据蛋白质的表达和功能鉴定未知基因	根据基因在染色体上的位置信息鉴定未知基因
出发点	①按蛋白质序列信息从基因文库中获取 ②利用抗原抗体反应分离 mRNA ③mRNA 的差异表达	①遗传学分析（连锁分析等） ②遗传标记的多态性分析 ③从致病基因候选区域中筛选编码序列 ④利用突变分析筛选致病突变
特点	不依赖基因组信息	不依赖蛋白质信息

三、疾病相关基因的功能研究

疾病相关基因的功能研究

疾病相关之基因，研究方法有多种。

表 24-4　疾病相关基因的功能研究方法

研究方法	说明
基因比对及功能诠释	查相关基因数据库，进行序列比对
利用工程细胞研究基因功能	① 采用基因重组技术建立基因高表达细胞系 ② 基因沉默技术抑制特异性基因的表达
研究生物大分子间的相互作用	可确定基因功能
利用基因修饰动物	可在整体水平研究基因功能（见表 24-5）

遗传修饰动物模型

遗传修饰建模型，建立方法有三种：转基因与核转移，基因剔除亦可行。

表 24-5　遗传修饰动物模型的建立及方法应用

项目	说明
建立方法	
转基因技术	将目的基因（转基因）整合入受精卵细胞或胚胎干细胞，然后将细胞导入动物子宫，使之发育成个体
核转移技术（动物克隆技术）	将一个体细胞核导入另一个去除了细胞核的激活的卵细胞内，使之发育成个体
基因剔除技术	有目的地去除动物体内某种基因的技术 ① 可用于探讨疾病的发生机制 ② 可用于筛选新的治疗方法或新的治疗药物
在医学发展中的作用	建立疾病动物模型

第二十五章　基因诊断和基因治疗

一、基因诊断

基因诊断的特点

基因诊断有特长，灵敏特异针对强，适应性强范围广，已有应用到临床。

表 25-1　基因诊断的特点

特点	说明
针对性强	以基因作为检查材料和探查目标，属病因诊断，具有直观、针对性强的特点
特异性高	分子杂交技术选用特定基因序列作探针，故具有很高的特异性（种属特异性或基因特异性）
灵敏度高	基因诊断采用的几种技术具有放大效应，只需少量基因便可作出诊断
适应性强	可以检测内源性基因，也可检测外源性基因
诊断范围广	检测时机可在出现症状前、产前或着床前进行

基因诊断技术的选用

基因诊断技术多，选择所需最适合。

表 25-2　基因诊断技术的选用

诊断目标	采用的方法
基因缺失或插入	① DNA 印迹法 ② PCR 法
基因点突变	① 等位基因特异性寡核苷酸：分子杂交 ② 反向杂交 ③ 变性高压液相色谱 ④ DNA 序列分析

基因诊断的应用

基因诊断应用广，多种疾病能用上，器官移植巧配型，亲子鉴定可承担。

表 25-3 基因诊断应用

应用	举例或说明
遗传性疾病	对有遗传病危险的胎儿进行产前诊断和携带者的检测，杜绝患儿出生，有利于优生优育
肿瘤	可用于研究细胞癌变的机制，对肿瘤进行诊断、分类分型和预后检测，指导抗癌
感染性疾病	可以安全、有效地检测出病原体，确定既往感染或现行感染，扩大了临床实验室诊断的范围
检测传染性流行病病原体	有助于研究病原体遗传变异趋势，指导暴发流行的预测
判断个体对某种疾病的易感性	例如，人类白细胞抗原复合体的多态性与一些疾病的遗传易感性有关
器官移植组织配型	基因诊断技术能分析和显示基因型，更好地完成组织配型
法医鉴定	基因诊断可针对人类DNA遗传差异进行个体识别和亲子鉴定
疗效评价和用药指导	可为个体化用药提供技术支持

二、基因治疗

基因治疗的基本策略

基因治疗有策略，置换增补或失活。

表 25-4 基因治疗的基本策略

策略	特点	说明
基因置换	通过同源重组使正常基因置换致病基因	不易实现，是远期目标
基因增补	导入正常基因但不去除致病基因，或者导入细胞中原来不表达的基因（如自杀基因）	使用广泛
基因失活	导入负调节性的小RNA或小DNA片段，在转录或翻译水平抑制基因表达（反义核酸、核酶、siRNA、miRNA）	使用广泛

表 25-5 肿瘤基因治疗的常用策略

策略	操作方法	操作的基因	治疗目的
导入抑癌基因	In vivo 法	导入野生型 *p53*、*Rb* 基因等	抑制肿瘤生长及转移
抑制激活的癌基因	In vivo 法	导入 siRNA、miRNA、反义核酸、胞内抗体基因等	抑制肿瘤生长及转移

续表

策略	操作方法	操作的基因	治疗目的
导入免疫增强基因	In vivo 法或 Ex vivo 法	导入细胞因子基因、共刺激分子基因等	增强肿瘤的免疫原性，增强机体的细胞免疫和体液免疫
导入抑制血管生成的基因	In vivo 法	导入内皮细胞抑制素、血管抑素基因等	抑制肿瘤的血管生成，切断肿瘤的营养供给
导入细胞毒性基因	In vivo 法或 Ex vivo 法	导入自杀基因（TK 和 CD）、靶向促凋亡基因等	诱导肿瘤细胞死亡
抑制耐药基因表达	In vivo 法	导入 siRNA、反义核酸等	增强对化疗的敏感性

基因治疗的基本程序

选择基因和载体，选择靶C用体C，
基因转移及筛选，回输体内起效应。
是否正确被表达，还需检测来确定。

表 25-6　基因治疗的基本程序

程序	说明
选择治疗性基因	根据病情选择对疾病有治疗作用的目的基因
选择基因载体	目前使用的有病毒载体和非病毒载体两类
选择靶细胞	目前仅限于使用体细胞（禁用生殖细胞），如造血干细胞、皮肤成纤维细胞、肌细胞等
基因转移	将外源治疗性基因导入受体细胞内
外源性基因表达的筛选	利用载体中的标记基因对转染细胞进行筛选
回输体内	将治疗性基因修饰的细胞以适宜的方式回输到患者体内以发挥治疗效果
治疗基因表达的检测	检测治疗基因是否被正确表达

基因治疗的载体

基因治疗用载体，载体可分两类型：
病毒载体效率高，其他载体效率低。

表 25-7　基因治疗常用的载体

载体种类	运送 DNA 的原理	优点	缺点
非病毒载体 （效率低）		安全	效率低，无靶向性
脂质体	类似生物膜		
磷酸钙	化学法		
电穿孔	物理高压		
病毒载体（效率高）			
逆转录病毒（retrovirus）	病毒侵染性	长期表达	随机整合，只感染分裂细胞
腺病毒（adenovirus）	病毒侵染性	感染非分裂和 分裂细胞	短暂表达，免疫原性
腺相关病毒（AAV）	病毒侵染性	定点整合	免疫原性
单纯疱疹病毒（HSV）	病毒侵染性	靶向神经组织	短暂表达，细胞毒性
通性	改造病毒基因组，使之既携带治疗基因，又减轻毒力（复制缺陷型，仅能在包装细胞内复制）		

基因治疗导入方法

治疗基因需导入，四种方法任君选：

电穿孔法脂质体，直接注射、基因枪。

表 25-8　常用基因治疗导入方法

名称	操作方法	用途及优缺点
直接注射法	将携带有治疗基因的非病毒真核表达载体（多为质粒）溶液直接注射入肌组织，亦称为裸 DNA 注射法	无毒无害，操作简便，目的基因表达时间可长达 1 年以上。仅限于在肌组织中表达，导入效率低，需要注射大量 DNA
基因枪法	采用微粒加速装置，使携带治疗基因的微米级金或钨颗粒获得足够能量，直接进入靶细胞或组织，又被成为生物弹道技术（biolistic technology）或微粒轰击技术（particle bombardment technology）	操作简便、DNA 用量少、效率高、无痛苦、适宜在体操作，尤其适于将 DNA 疫苗导入表皮细胞，获得理想的免疫反应。但目前不宜用于内脏器官的在体操作
电穿孔法	在直流脉冲电场下细胞膜出现 105 ～ 115nm 的微孔，这种通道能维持几毫秒到几秒，在此期间质粒 DNA 通过通道进入细胞，然后胞膜结构自行恢复	可将外源基因选择性地导入靶组织或器官，效率较高，但外源基因表达持续时间短

续表

名称	操作方法	用途及优缺点
脂质体 （liposome）	利用人工合成的兼性脂质膜包裹极性大分子 DNA 或 RNA，形成的微囊泡穿透细胞膜，进入细胞	脂质体可被降解，对细胞无毒，可反复给药；DNA 或 RNA 可得到有效保护，不易被核酸酶降解；操作简单快速、重复性好。但体内基因转染效率低，表达时间短，易被血液中的网状内皮细胞吞噬

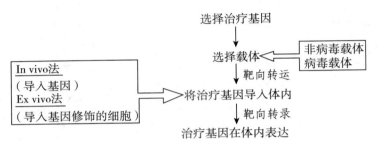

图 25-1　基因治疗的基本流程

第二十六章　组学与医学

组学概述

认识组群或集合，注重事物整体性。按照遗传信息流，组学可分四层次：基因组和转录组，蛋白质组代谢组。其他组学也研究，例如糖组与脂组。

表 26-1　基因组学

研究内容	主要任务
结构基因组学	① 遗传作图和物理作图绘制人类基因组草图：遗传作图就是绘制连锁图，物理作图就是描绘杂交图、限制性酶切图及克隆系图 ② DNA 测序：通过 BAC 克隆系、鸟枪法等完成大规模 DNA 测序 ③ 通过生物信息学能预测基因组结构与功能
功能基因组学	系统探讨基因的活动规律 ① 通过全基因组扫描鉴定 DNA 序列中的基因 ② 通过 BLAST 等程序搜索同源基因 ③ 通过实验设计验证基因功能 ④ 通过转录组学和蛋白质组学描述基因表达模式
比较基因组学	比较不同物种的整个基因组，增强对各个基因组功能及发育相关性的研究

表 26-2　转录组学

研究内容	研究方法
研究全部 mRNA 的表达及功能	
研究大规模基因组表达谱	微阵列或基因芯片
在转录水平研究细胞或组织基因表达模式	SAGE：用来自 cDNA 3' 端特定位置 9 ～ 10bp 长度的序列所含有的足够特定信息鉴定基因组中的所有基因
以基因测序为基础研究基因表达谱	MPSS：以一个标签序列含有能足够特异识别转录子的信息，标签序列与长的连续分子连接在一起，便于克隆和序列分析

表 26-3　蛋白质组学

研究内容	主要研究方法
蛋白质鉴定	一维电泳、二维电泳结合生物质谱、蛋白质印迹、蛋白质芯片等技术
阐明蛋白质功能	翻译后修饰的鉴定
确定蛋白质功能	蛋白质定位研究，基因过表达 / 基因敲除（减）技术分析蛋白质活性，酵母双杂交 / 免疫共沉淀等技术研究蛋白质相互作用等

表 26-4　基因组学与蛋白质组学的比较

	基因组学	蛋白质组学
研究对象	DNA	蛋白质
稳定性	相对稳定，静态	变化大，动态
研究内容及方法	① 结构 DNA：测序，多态性作图 ② mRNA：表达序列分析，基因芯片，转基因技术	① 结构蛋白质：双向凝胶电泳（2-DE），蛋白质芯片，生物信息学 ② 功能蛋白质：蛋白质芯片，酵母双杂交技术

表 26-5　代谢组学

研究内容	说明
代谢物标靶分析	对某个或某几个特定组分进行分析
代谢谱分析	对一系列预先设定的目标代谢物进行定量分析
代谢组学	对某一生物或细胞所有代谢物进行定性和定量分析，主要分析工具为磁共振、色谱与质谱
代谢指纹分析	对代谢物整体进行高通量的定性分析

表 26-6　糖组学与脂组学

	糖组学	脂组学
研究内容	结构糖组学：研究糖组的结构 功能糖组学：研究糖组的功能	研究生物体内的所有脂质分子
研究方法或步骤	① 色谱分离/质谱鉴定 ② 糖微阵列技术 ③ 生物信息学	① 样品分离 ② 脂质鉴定 ③ 数据库检索
意义	糖组学与肿瘤关系密切，对研究肿瘤的发生机制及诊断治疗有重要价值	促进脂质生物标志物的发现，诊断某些疾病

组学在医学上的应用

各种组学新学科，促进医学向前进，遗传肿瘤等疾病，防治工作面貌新。

表 26-7　组学在医学上的应用

组学	在医学上的作用
疾病基因组学	阐明疾病发病机制，促进"分子医学"的发展；定位克隆技术是发现和鉴定疾病基因的重要手段，SNPs 是疾病易感性的重要遗传学基础
药物基因组学	揭示遗传变异对药物效能和毒性的影响，并使药物治疗模式由诊断定向治疗转为基因定向治疗，指导个体化用药

组学	在医学上的作用
蛋白质组学	为重大疾病发生发展机制的阐明和新生物标志物的发现提供线索，为发现和鉴别新的药物靶点以及基于疾病模型的合理药物设计提供理论和技术支持
代谢组学	可发现和筛选疾病新的代谢标志物，对相关疾病的发生做出早期预警（预测）；阐明药物在不同个体内的代谢途径及其规律，为合理用药和个体化医疗提供依据

注释：SNPs，单核苷酸多态性。

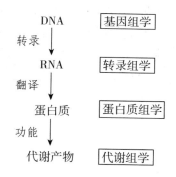

图 26-1　遗传信息的方向性与组学的关系

主要参考文献

1. 查锡良，药立波．生物化学与分子生物学．8 版．北京：人民卫生出版社，2013.

2. 李刚，马文丽．生物化学．3 版．北京：北京大学医学出版社，2013.

3. 屈伸，冯友梅．医学生物化学与分子生物学．2 版．北京：科学出版社，2009.

4. 陈栋梁．图表生物化学．北京：科学技术文献出版社，2014.

5. 于秉治．生物化学复习考试指导．北京：中国协和医科大学出版社，2010.

6. 魏保生，齐国海．生物化学与分子生物学笔记．3 版．北京：科学出版社，2014.

7. 王希成．生物化学．2 版．北京：清华大学出版社，2005.

8. 张楚富．生物化学原理．2 版．北京：高等教育出版社，2011.